JN099387

ISBN978-4-7980-6685-1 C3055

PC・IT
図解

仕組みを知って仕事に生かす！

オール
カラー版

Amazon Web Services

AWSの技術と仕組み

エーダブリューエス

［著］宮本圭一郎

秀和システム

はじめに

2000年頃から、システム開発においてクラウドの利用が急激に伸びてきました。いまでは、クラウドはなくてはならない技術になりました。AWSによって技術者は便利になっている一方で、新たに覚えないといけないものも増えています。また、ビジネスに関わる方もAWSの知識が必要になってきている分野もあると思います。

クラウドの現場では、技術者にも裁量権があることも多いように感じます。若い方がいまよりも一層活躍していくことにワクワクしていますし、私もその一員として頑張りたいと思っています。日本のビジネスマン、技術者の方のレベルが一層向上し、よりよい日本になることを心から祈っています。

・対象読者

本書はAWSに興味のある方、AWSをこれから学ぼうと思っている方を対象としています。AWSの全体概要をつかむ内容になっており、詳しい設定方法などは説明していません。もし、設定方法や手順について理解を深めたい場合は、AWS公式のWebページや関連書籍、AWS認定資格の書籍などが発刊されているので、そちらを参考にされるとよいでしょう。また、学習の際には動画も有効です。YouTubeやUdemyなどを利用して、AWSの概要を把握するとよいでしょう。

・本書の使い方

「1章 AWS基本」は、一般的な概念について説明しています。基本がわかっている方は、読み飛ばしていただいてもけっこうです。

「2章 請求料金とセキュリティ」は、請求や最低限のセキュリティの設定について説明しています。最初の設定をする場合には、こちらを参考にしてください。

「3章～6章」は、よく使う機能のコンピューティングサービス、ストレージサービス、データベースサービス、ネットワークと配信サービスについて説明しています。多くのサービスはこちらをレゴブロックのように組み合わせてインフラを構築できます。

「7章以降」は、その他のサービスになります。辞書のように使用してもよいですし、全部のサービスの概要だけを把握するように使用してもよいでしょう。

2023年3月　宮本 圭一郎

CONTENTS

03 コンピューティングサービス

04 ストレージサービス

05 データベースサービス

08 コンテナ

09 ビジネス関連サービス

10 分析サービス

11 デベロッパー関連サービス

12 ブロックチェーンサービスとIoT

13 Machine Learning

14 マネジメントとガバナンス

01

AWSの基本

AWSサービスを利用するにあたり、AWSの基本とシステムを構成するために理解しておくクラウドサービスの基本を説明します。オンプレミスとの違いやクラウドの併用、またはクラウドを使わない場合について説明します。

01 AmazonとAWS

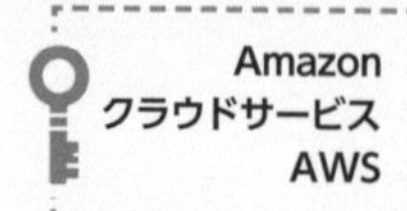

AWS (Amazon Web Service) とはAmazonが提供するクラウドサービスのことです。

Amazonとは

AmazonはECモールや電子書籍プラットフォーム、音楽や動画配信、ファイルストレージなど多種多様なサービスを展開しています。これらのサービスを運営するためにAmazonはクラウドサーバーを多数運用しており、それらのノウハウを活かしてAmazonが展開する**クラウドサービス**がAWSです。

AWSとは

AWSは仮想サーバーなど計算リソースを提供するコンピューティングサービス、ファイルデータを安全に保存するストレージサービス、データベースや機械学習、IoTやBIアプリケーション、人工衛星やブロックチェーンなどの最先端技術まで多様なサービスを提供しており、それらのサービスをマネジメントするサービスやコスト管理サービスなども提供しています。これらのサービスを組み合わせることで、多様な要件に柔軟に対応することができます。

AWSはセキュリティレベルが高く、オンプレミスでの管理で負担となっていたセキュリティ管理の負担を軽減することができます。世界各地にデータセンターを展開しているため海外展開が容易にできたり、冗長性を持たせることで災害が発生した場合でも対応が可能です。

また、他のプラットフォームと比較してシェア率が高いため、書籍などの参考資料が多く存在し、経験者も数多く存在しています。全世界のクラウドサービスにおいて、2022年7月時点で1位がAWS、2位がMicrosoft Azure、3位がGoogle Cloudになっています。少しずつAzureが伸びてきています。またアジア圏に絞ると、Alibaba Cloudも一定のシェアを持っています。

01-01 Amazon社が提供する代表的なサービス

01-02 AWSが提供する代表的なサービス

サービス群	説明	AWSが提供するサービス例
コンピューティング	インターネットを介してコンピュータリソースを提供	EC2, Lightsail, ECS, Lambda, Outpost
ストレージ	ファイルデータの保存	S3, EBS, Backup
データベース	フルマネージドのデータベースを提供	RDS, Redshift, DynamoDB, DocumentDB
AWSコスト管理	コストを透明化、制御、予測、最適化	Budgets, Cost Explorer, Billing Conductor
機械学習	機械学習モデルの作成や学習済みモデルの活用	SageMaker, Rekognition, Textract

Point AWSサービスのアイコン

AWSのサービスのアイコンが変わった時期があります。AWS公式から提供されてるアイコンは右のアイコンの形式になっています。

●EC2のアイコン

Amazon Elastic Compute Cloud (Amazon EC2)

02 AWSの主要サービス

EC2
仮想サーバー
ファイルデータ
ファイルストレージサービス
RDS

ここではAWSでよく使用されるサービス内容の概要を紹介します。

● コンピューティングサービス

●EC2 (Amazon Elastic Compute Cloud)

EC2はAWSクラウド内に**仮想サーバー**を立てるサービスです。

サーバーはクライアントからの依頼に応じて処理を行い、クライアントはその処理の結果を受け取ります。この仕組みを利用してWebページやメール、動画配信など様々なサービスが実現されています。

利用者が求めるいろいろな要件に対応するため、いろいろなOSやリソースが使用可能であり、それらを組み合わせて柔軟に対応します。

立てられたサーバー内に環境構築さえしてしまえば幅広い運用が可能で、Webサーバーの運用に使用したり、GPUを使用した深層学習の訓練に使用したりするなど、その用途は様々です。後述するAWSサービスとの連携も可能です。EC2はAWSの最も基本的なサービスといえるでしょう。

● ストレージサービス

●S3 (Amazon Simple Storage Service)

画像やテキストファイルなどファイルとして保存されているものを**ファイルデータ**と呼びます。それらのデータを保存するのが**ファイルストレージサービス**です。

AWSでは**S3**というサービスがあり、様々なサイズのデータをセキュアかつ安全に保存することが可能です。EC2上に立てられたWebサーバーで配信されるサイトで表示する画像の保存・提供や、**Lambda***で行われるバッジ処理で使用するデータ(機械学習モデルや画像データ)の保存・提供など他のサービスと連携して使用されることが多いです。

---

*Lambda:コードを実行できるAWSのコンピューティングサービスのこと。

データベースサービス

●RDS (Amazon Relational Database Service)

Webサービスで使用する商品情報や顧客情報のように、早急なデータの出し入れが要求されたり、複数同時にアクセスされることがあるデータは、MySQLやPostgreSQLなどに代表されるリレーショナルデータベースを使用します。

AWSでは、様々な形式のデータベースを提供しており、特に**RDS**はリレーショナルデータベース環境を提供しています。利用者が要求するリレーショナルデータベースの環境を素早く提供し、高い可用性を保ちながら運用することができます。

02-01 AWSの主なサービス

サーバー

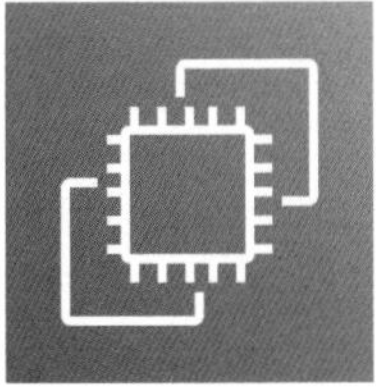

Amazon EC2
Amazon Elastic
Compute Cloud

ストレージ

Amazon S2
Amazon Simple
Storage Service

データベース

Amazon RDS
Amazon Relational
Database Service

その他、200以上のサービスがある!

・Amazonオンラインショップ
・配信アプリ
・コーポレートサイト
・業務システム　　など

オンプレミスの代わりになる
サービスだが従量制課金
なので注意しよう!

開発者

03 AWSサービスのシステム構成

Route 53
ELB
ACM
EC2
RDS

AWSの知見がない初学者の場合、様々なAWSサービスがどのように使用されているのか想像がしづらいと思います。ここではAWSサービスを使用したシステムの一般的な事例として、Webサービスを作成するときに選ばれる一般的なシステム構成を紹介します。

一般的なAWSサービス

DNS（ドメインネーム）サービスの**Route 53**は、IPアドレスとドメインを変換する機能を持ちます（第6章参照）。ドメイン自体をRoute 53で取得することもできますし、お名前.comなど他のドメイン取得サービスから取得してRoute 53に接続することもできます。

ロードバランサーの**ELB**（Elastic Load Balancing）では、リソースの経路を設定することができます（第3章参照）。**ACM***でhttpsの設定も容易にできることがメリットにもなっています。

仮想サーバーを構築できる**EC2**（Amazon Elastic Compute Cloud）は、簡単にサーバーを立ち上げたり、ディスク記憶容量を増やしたりすることができて便利です（第3章参照）。

リレーショナル型のデータベースである**RDS**（Amazon Relational Database Service）は、マネージドな*データベースを構築できます。マルチAZとシングルAZの選択をすることができます。マルチAZは障害の対策になりますが、料金がそのぶん増えます。実際には、2パターンの料金と稼働率の想定を比較して判断してください（第5章参照）。

＊**ACM**：Amazon Certificate Managerの略で、SSL証明書発行サービスのこと。
＊**マネージドな…**：運用や経費の見直しのために、プロセスや機能と需要予測などの責任をアウトソーシングする手法のこと。

03-01 この構成で使われている代表的サービス

一般名	サービス名
DNSサービス	Route 53
ロードバランサー	ELB (Elastic Load Balancing)
SSL/TLSサーバー証明書	ACM (AWS Certificate Manager)
Webサーバー	Amazon EC2 (Amazon Elastic Compute Cloud) Amazon EBS (Amazon Elastic Block Store)
データベース	Amazon RDS (Amazon Relational Database Service)
NATゲートウェイ	NAT Gateway

03-01 この構成のインフラ図

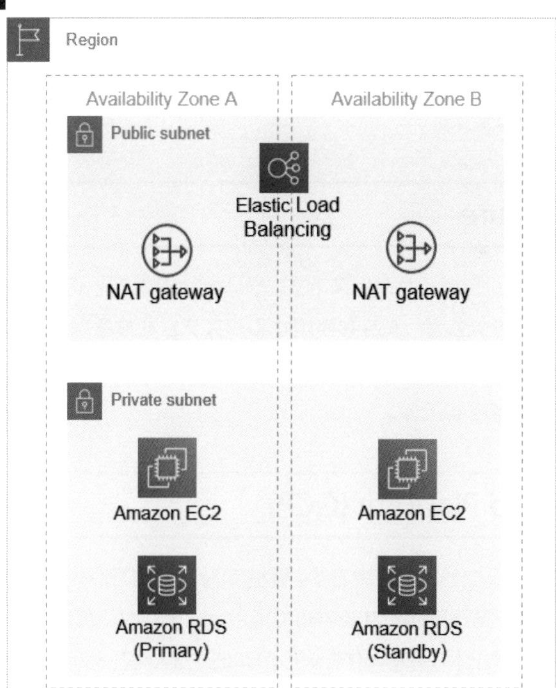

参考：アマゾン ウェブサービス「動的Webサイトのためのクラウド構成と料金試算例」

04 主なクラウド事業者

AWS / Azure
GCP
Oracle Cloud
IBM Cloud
Alibaba Cloud

クラウド事業者の6社について説明します。日本では、No.1シェアのAWSに対して、最近ではAzureが伸びています。また、世界的にはAlibaba Cloudも伸びています。

● Amazon Web Service (AWS)

インターネットでECサイトを展開するAmazonが提供するクラウドサービスです。200以上のサービスがあります。特に、Amazon S3（ストレージサービス）、Amazon EC2（仮想サーバー）、Amazon RDS（リレーショナルデータベース）、AWS Lambda（サーバーレスサービス）、Amazon VPC（仮想ネットワーク）などが代表的なサービスです。世界や日本でのクラウドサービスのシェアも多く、また、AWSで提供されるサービスを学習する教材やコミュニティが充実していることにより、先行事例が多く出ています。

● Microsoft Azure

Microsoftが提供するクラウドサービスです。Microsoft製品との親和性が高く、WindowsサーバーやMicrosoft 365を使用するシステムを作る場合は、Azureを利用することで連携できます。国内ではAWSに次いでシェア率が高いため、参考になる資料や経験者が比較的多いです。

● Google Cloud Platform (GCP)

Googleが提供するクラウドサービスです。機械学習、ビッグデータ関連サービスが豊富で、ビッグデータを高速で処理する「BigQuery」、データに最適化された独自モデルを作成する「AutoML」、深層学習モデルの作成をエンタープライズ向けにサポートしている「TensorFlow Enterprise」などがあります。

Oracle Cloud

Oracleが提供するクラウドサービスです。オンプレミスの環境からOracleサーバーへの移行が容易です。また、Oracleクラウドと同じサービスを持ったサーバーを、オンプレのデータセンター内に設置するOracle Dedicated Region Cloud@Customerなどのサービスがあります。

IBM Cloud

IBMが提供するクラウドサービスです。IBM Cloudはコストパフォーマンスを売りにしており、多くのサービスをAWSなど主要なプラットフォームと比較すると安価にサービスを提供しています。またIBM WatsonなどのAIサービスなども展開しています。

Alibaba Cloud

Alibabaが提供するクラウドサービスです。拠点が中国にあり、ビジネスを中国で展開する場合に役立ちます。また他のプラットフォームと比較すると安価な場合があり、コストパフォーマンスを重視する場合は考慮に入れるべきでしょう。しかし他のプラットフォームと比較すると資料が少ないので、実装の難易度は高いかもしれません。

04-01 クラウドプロバイダー別市場シェア動向(2022年2月)

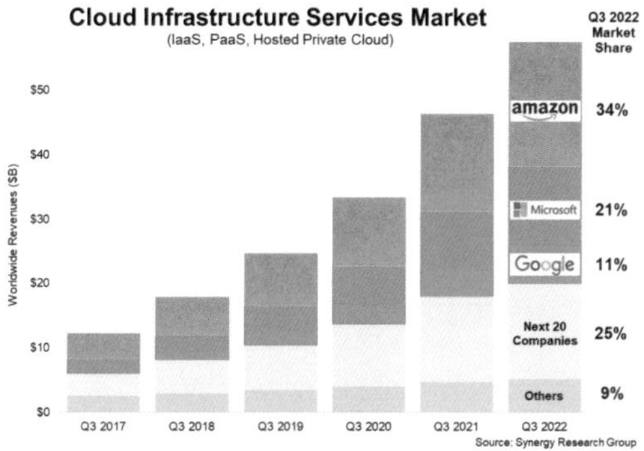

出典:Synergy Research Groupの2022年第3四半期調査結果

05 AWS活用事例①（金融/自動車）

ここでは金融、自動車業界のAWS活用事例を紹介します。

● Cloud利用の事例

オンプレミスで社内システムを実装する場合、サーバールームやネットワーク機器やサーバー自体の手配、運用や保守、セキュリティへの配慮など、様々なコストを考慮する必要があります。AWSを使用するとこれらの作業が必要なくなるので、大幅にコストカットすることができます。

例えば、システムをEC2に実装し、FSx for Windows File ServerでWindowsファイルサーバーを作成し、AWS Backupでバックアップを作成することができます。また、どうしてもオンプレミスでしか運用できないアプリケーションやデータがある場合も、オンプレミスとクラウドを併用することで部分的にコストカットが可能です。

● 金融業界の事例

機密性の高いデータを扱う金融系システムでは、データやシステムによってはオンプレミスでしか扱えないものがあります。そのような場合はDirect Connectを使用し、オンプレミスサーバーとAWSサーバーを連携させることが可能です。データ活用やアプリケーションなどではスケールしやすいAWSを、自社でのみ扱うことができるデータではオンプレミスを採用することができます。

またAWSにはGuardDutyやSecurity Hub、CloudTrailといったセキュリティサービスも充実しており、オンプレミスでの実装と比べてセキュリティに割くリソースを減らすことができるので、アプリケーションの実装やビジネスロジックの構築に力を入れることも可能になります。

自動車業界の事例

近年、自動車業界では、コネクテッドカーや自動運転などの先進分野における開発が広く行われています。自動運転や運転支援システムで使用される高度な機械学習モデルは、画像などから抽出される白線や道路標識、物体検出された人物などの複雑なデータを扱います。それらの大量のデータを保存・運用し、GPUや大量の計算リソースを使用して学習された機械学習モデルが作成されています。

AWSでは機械学習の基盤としてSageMakerを提供しており、これを使用することで開発環境の構築やモデル構築、トレーニングで必要になるリソースの調整などが不要になり、効率的な開発を行うことが可能になります。

05-01 各業界での導入事例

業界	企業	事例
金融業界	クレディセゾン	与信審査などの約40の基幹周辺システムをAWSに移行。月間20万件の架電を自動化する取り組みも始めている。
	PayPay	スマホ決済サービスなどのインフラ基盤をAWSとし、マイクロサービスアーキテクチャにより分散システムを構築している。
	株式会社マネーフォワード	サービスの増加により、オンプレミス環境に構築していたサービス基盤をAWSに移行。マイクロサービスによる開発効率の向上をさせている。
自動車業界	株式会社日立製作所	コネクテッドカーのソフトウェアを無線で更新するOTA(Over the Air)サービスプラットフォームをAWSで構築。
	アイシン・エイ・ダブリュ株式会社	エッジコンピューティングを実現するAWS Greengrassとサーバーレスアーキテクチャを用いた生産ラインの状態監視システムを構築。
商社業界	丸紅株式会社	ITインフラをVM WareのオンプレミスからAWSへ移行。250を超えるサーバーインスタンスが稼働中。
	伊藤忠商事株式会社	DXを推進することにより、グループ横断のデータ活用基盤をAWSに構築。
	大同精機株式会社	IT専任者が不在の中、オンプレミスの販売管理システムを利用していたが、『奉行シリーズ』を使ってAWSに移行。頻発していた障害対応が解消された。

出典：Amazon

06 AWS活用事例②（ゲーム/Eコマース）

ここではゲームやEコマース業界のAWS活用事例を紹介します。

● ゲーム業界の事例

配信するコンテンツの売れ行きやイベントの有無によってアクティブユーザーの数が大きく変わるゲームのアクセス数の予測は困難であり、オンプレミスで実装した場合には、アクセス数がスパイクすると対応が難しくなる場合があります。またリリース当初に冗長に構築したサーバーも、ユーザーが減少すると余分なコストがかかることになります。そのような運用保守を行うにはそれなりの人員が必要になります。

オンプレミスの場合では、監視や保守などでそれなりの人員を用意する必要がありますが、AWSはマネージドサービスなので比較的少人数での管理が可能です。さらにKubernetesを使用し、スケーリングを行うEKSを使用することでアクセス数の増減に合わせてリソースを増減させることが可能です。また、開発段階においてもビルド環境などの一時的に高い計算リソースを必要とする場合は、AWSクラウド内で余っているリソースを一時的に利用するEC2のスポットインスタンスを利用することでコストカットすることが可能です。

● Eコマース業界の事例

AWSを使用することで、Eコマースを低コストかつ迅速に構築することが可能です。

AWSのEC2にWebサーバーを実装し、顧客情報や商品情報をAmazon AuroraなどのDBで管理し、画像などのファイルデータはS3で保存することで基本的な部分を実装することが可能です。このようにAWSを使用した場合、オンプレミスと比較して様々なメリットを得ることができます。

通常のアクセスの集中などを見込んで冗長性を確保するために、オンプレミスの場合は常に余分なサーバーを運用・管理しなくてはいけません。その点、AWSの場合はCPUの稼働率やスケージュールに合わせてサーバーの数をスケーリングすることが可能なので、余剰分となるコストカットが可能になります。また**リージョン***や**AZ***を分けることで、災害などのアクシデントや海外展開への対応も可能となります。

06-01 各業界での導入事例

業界	企業	事例
ゲーム業界	グリー株式会社	オンプレミスのサーバーをAWSに全面移行。インフラ調達時間の短縮、在庫保有のコスト削減を実現。EC2、RDS、Lambdaをはじめとした数十のサービスや数千のインスタンスを利用。
ゲーム業界	株式会社セガ	ゲームをローンチしたあとに、想定外の負荷スパイクが発生する際の対応にオンデマンドサーバーを活用。サーバーコストの50%以上を削減。
ゲーム業界	株式会社ゲームフリーク	オンプレミスシステムのリソース不足に悩まされ、また、開発環境のメンテナンスなどの運用負荷の課題によりAWSを選択。Amazon EC2に環境を構築し、Amazon EC2スポットインスタンスでコストの最適化を図る。Amazon EKSを活用してLinux 環境も併用する。
ゲーム業界	ガンホー・オンライン・エンターテイメント株式会社	パズドラのリリース当初からゲームのインフラとしてAWSを利用。マルチプレイに対応したゲームサーバー開発向けフルマネージドサービスのAmazon GameLiftを採用する。
Eコマース業界	ビックカメラ	コスト削減のためにITベンダー依存を脱却し、開発スピードを上げるために内製化を推進。そのためにAWSでクラウド基盤を構築。バランスのよいSaaS化、IaaS化を進める。
Eコマース業界	株式会社セブン&アイ・ホールディングス	グループ横断のロイヤリティプログラムの管理基盤をAWSで構築。購買データやアプリ行動データ活用して店舗とECを連動させた顧客分析やマーケティングなどに活用。
Eコマース業界	ジュピターショップチャンネル株式会社	ベンダー所有のデータセンターでECサイトを運用していたところ、低負荷時の過剰コストやピーク時の負荷に耐えられないため、コスト、スケーラビリティーの点によりAWSへ移行。CloudFront、Route 53、WAFなど、多数のサービスによりECサイトを構築。

出典：Amazon

* **リージョン**：データセンターがある地域・場所のこと。
* **AZ**：Availability Zone（アベイラビリティゾーン）の略で、2つ以上のAWSのリージョンで構成される管理単位のこと。

07 SaaS、PaaS、IaaS

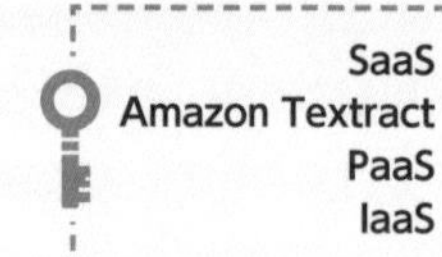

一般に、クラウドのサービスは大まかにSaaS、PaaS、IaaSの3種類に分けることができます。

● SaaS (Software as a Service)

SaaS（サース）とは、サーバーのアプリケーションをインターネットを経由してユーザーが使用できるサービスを指します。身近な例では、Google Driveやリモート会議などで使用されるZoomなどがSaaSにあたります。AWSでは、Webブラウザ上でPDFファイルをアップロードするとテキスト化できる**Amazon Textract**があります。SaaSはユーザーが簡単に使用ができる点がメリットです。エンジニアリングに深い造詣がなくても使用方法を覚えてしまえば問題なく使用できます。SaaSは完成品なので自由度が低く、こちらの要望に合わないこともあります。

実装者は、自身が作成するアプリケーションが何らかのSaaSで代替できないか、PaaSを利用して開発コストを軽減できないかなどの自由度を考えて使用するサービスを選ぶ必要があります。

● PaaS (Platform as a Service)

PaaS（パース）はミドルウェア*などが準備された開発環境で、開発者は実装したいプログラムのみを実装してアプリケーションを作成できます。例えば、AWS Lambda*では、あらかじめPythonなどのコンピュータ言語が実装されており、実装者はそれらの言語でプログラムを書くだけでアプリケーションを作成できます。開発できる言語がPaaSに実装されているツールのみに限定されるデメリットはありますが、開発環境や開発ツールが用意されているぶん、大幅に作業コストを削減できます。

＊**ミドルウェア**：コンピュータを制御するOS（オペレーティングシステム）とアプリケーションの橋渡しを行うソフトウェアのこと。

＊**AWS Lambda**：サーバーレスを実現するAWSのクラウドサービスで、プログラムをクラウド上に定義しておくことでインターネットを通して実行できる。

● IaaS (Infrastructure as a Service)

IaaS(イアース)とは、ハードウェアやネットワーク、OSまでを提供するサービスのことです。AWSではEC2（仮想サーバー）がIaaSにあたります。IasSは後述の2つと比べて自由度が高いため、様々な機能を実装することができ、想定されるパフォーマンスに合わせてリソースを選択できたり、OSやネットワークのパフォーマンスも選択肢の範囲内で選定したりすることができます。しかし、OS以上の環境構築を行う必要があるため、開発知識やサーバー管理・運用コストも考慮する必要があります。

07-01 用途の違い

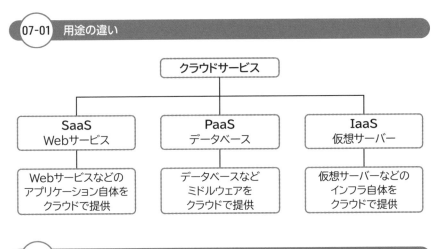

クラウドサービス

SaaS Webサービス	PaaS データベース	IaaS 仮想サーバー
Webサービスなどのアプリケーション自体をクラウドで提供	データベースなどミドルウェアをクラウドで提供	仮想サーバーなどのインフラ自体をクラウドで提供

07-02 自由度の違い

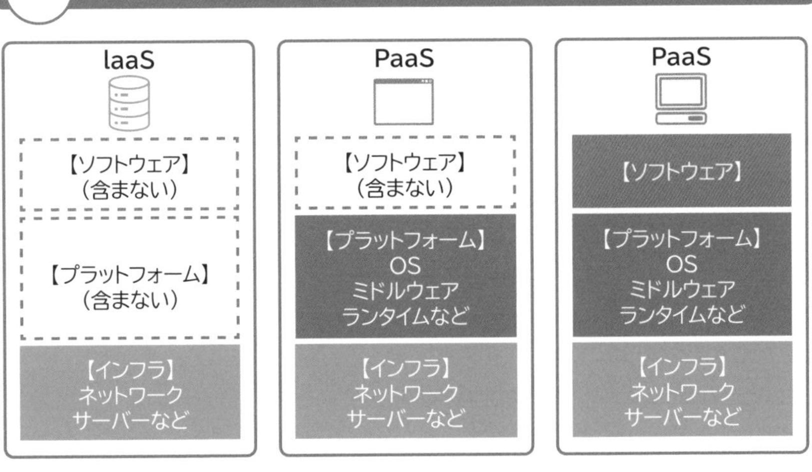

08 リージョンとAZ

リージョン
マルチリージョンアーキテクチャ
AZ
マルチAZ

AWSでは、サーバーの置いてある場所のことをリージョンとAZという言葉で定義しています。リージョンとAZの概念について説明していきます。

リージョンとは

利用者が使用するサーバーが存在するデータセンターは世界中の離れた地域ごとに複数設置されていて、この地域を**リージョン**と呼んでいます。現在世界では20以上のリージョンが存在し、日本国内では東京リージョンと大阪リージョンが存在します。

複数のリージョンを使って動作する構成のことを**マルチリージョンアーキテクチャ**といいます。費用がかかりますが、大規模な災害が起きたときにシステム停止の時間を最も減らしたい場合に対処できる構成です。ダウンタイムにシビアなところで使われている印象で、あまり現場では見たことがない構成です。

AZ(アベイラビリティーゾーン)とは

AZとは、リージョン内でそれぞれ切り離され、冗長的な電力源、ネットワーク、そして接続機能を備えている1つ以上のデータセンターのことです。

AZによって単一のデータセンターでは実現できない高い可用性、耐障害性、および拡張性を備えた本番用のアプリケーションとデータベースの運用が実現されています。

AWSリージョン内のすべてのAZは、AZ間に高スループットかつ低レイテンシーのネットワーキングを提供する、完全な冗長性を持つ専用メトロファイバー上に構築され、高帯域幅で低レイテンシーなネットワーキングで相互接続されて高速な通信が可能になっています。

複数のAZを使用してシステムを構築することを**マルチAZ**と呼びます。マルチAZはどこかのAZが停止しても他のAZでカバーできるため、高い可用性が実現できます。

08-01 リージョンとAZ

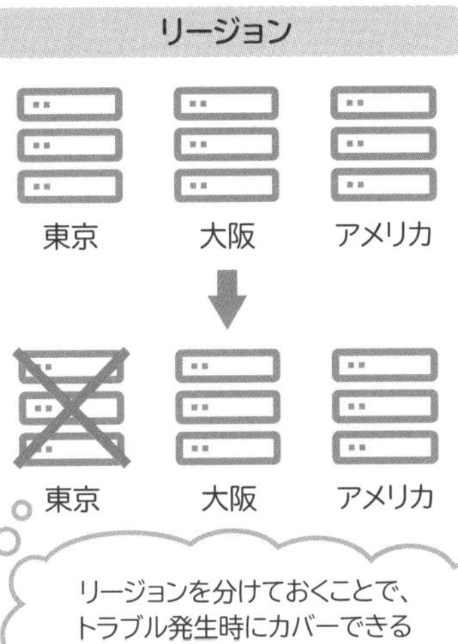
リージョン
東京
大阪
アメリカ
東京
大阪
アメリカ
リージョンを分けておくことで、
トラブル発生時にカバーできる

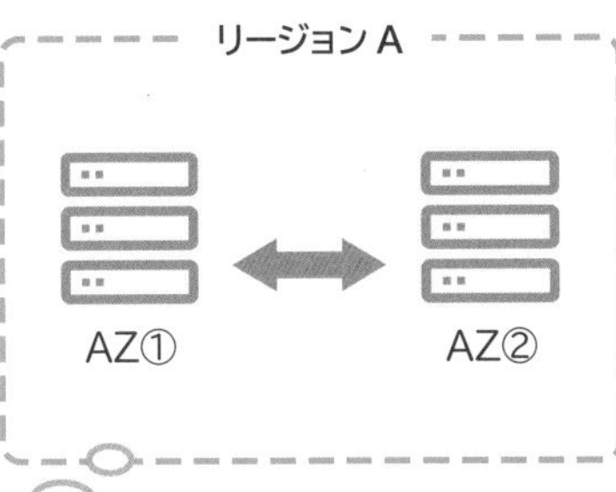
AZ（アベイラビリティーゾーン）
リージョン A
AZ①
AZ②
同一リージョン内で
地理的に電気的に独立しているが、
互いに強いネットワーク
●高い可用性　●高い耐障害性
●高い拡張性

08-02 世界に展開されるAWSリージョン

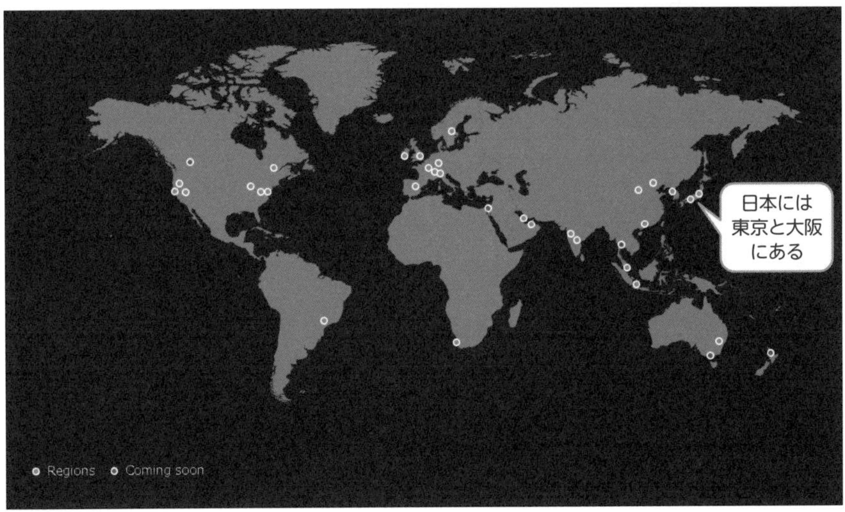
日本には
東京と大阪
にある
Regions
Coming soon

出典：Amazon

09 オンプレミスとクラウド

AWSを効率よく使用するために必要な前提知識を紹介します。そもそもオンプレミスとは何か説明し、クラウドでの運用と比較していきます。

オンプレミスとは

オンプレミスとは、英語で「on the premises」は「敷地内で」という意味です。この分野におけるオンプレミスとは、サーバーやソフトウェアなどの情報システムを、使用者が管理している施設の構内に機器を設置して運用することを指します。つまり、サーバーを使用するサービス提供者がサーバールームとなる物理的な設置場所を用意し、スイッチなどのネットワーク機器やサーバー用のPCの用意・セッティングを行い、障害対応や部品交換などの保守作業を行いながらサービスを提供します。

オンプレミスという言葉は後述のクラウドによる運用が登場した際に、その区別として浸透した言葉です。クラウドでの運用が普及する以前はオンプレミスでの運用が主流でした。オンプレミスサーバーは現在でも、社内でしか扱うことのできないデータやシステム上の制約や、利用者自身でハードウェアから細かく決めることができる高いカスタマイズ性から多く使用されています。

しかし、クラウドが広く浸透して以来、オンプレミスでの運用からクラウドへの運用へと移行しつつあり、オンプレミスでの運用が必須の場合でも、クラウドでの運用が可能な部分はクラウドに移行するなどの対応がなされています。

クラウドとは

クラウドとは、ユーザーがネットワーク越しにサーバーやストレージなどのITリソースやアプリケーションなどを利用できるサービス形態を指します。使用するサーバーのハードウェアの管理・保守はクラウドサービス側が行うので、オンプレミスで必要だったサーバールームや機材の確保、保守点検などの初期費用や維持管理の必要がなくなり、人員とコストの削減が可能になります。

09-01 オンプレミスよりもクラウドのほうが構築やメンテナンスが楽にできる

オンプレミス

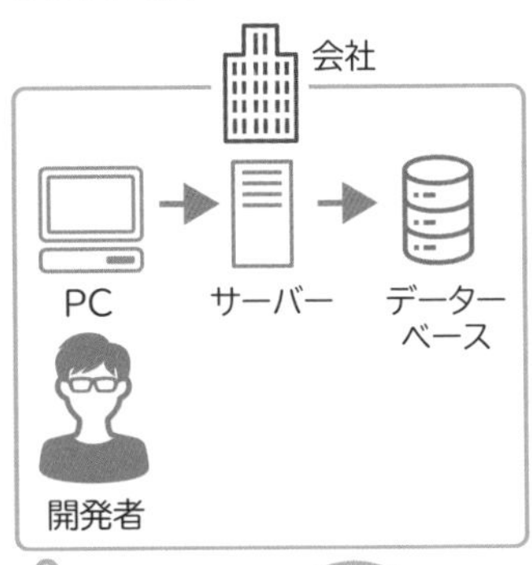

●メリット
自由にシステム構築できる
いつでもメンテナンスできる
●デメリット
構築に費用や時間がかかる
サーバールームが必要
専任のインフラ担当者が必要

クラウド

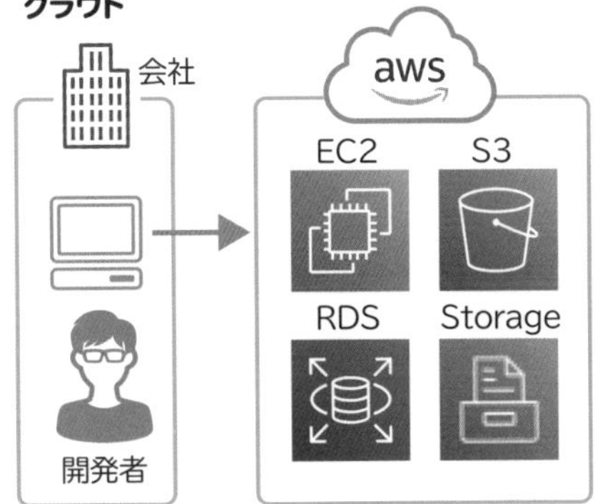

●メリット
システムやサーバーを選択するだけで構築できる
専任のインフラ担当者が不要
●デメリット
提供されるサービスに制約がある

09-02 クラウドとオンプレミス

オンプレミス

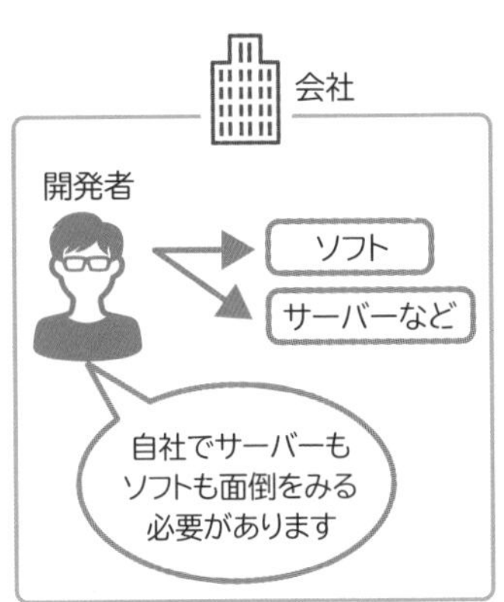

クラウド

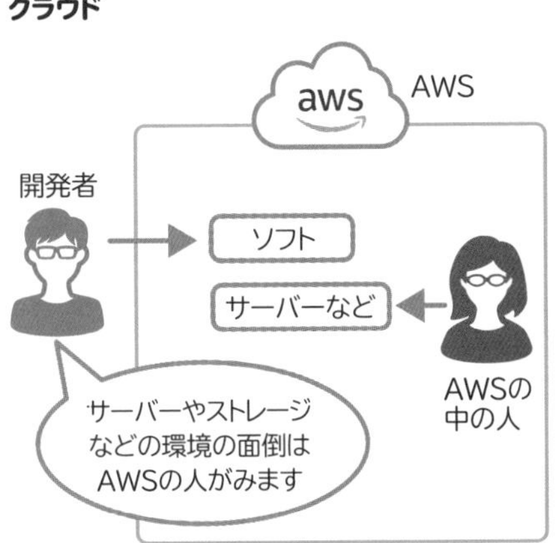

また、クラウドは数分でサーバーを起動できるので、ビジネス要件に素早く対応することが可能です。

セキュリティの機能も充実しており、プラットフォーム側が提供する環境のセキュリティはもちろん、利用者側が設定するセキュリティに関しても様々なサービスを提供しています。

多くのクラウドプラットフォームは世界各地にデータセンターを保持しており、利用者は各地域にサーバーを分散して置くことで冗長性の確保や、ビジネスの海外対応なども可能です。

またクラウドプラットフォームでは、最新のGPUやブロックチェーン、IoTといった様々な要件に対応するためのサービスやリソースがあり、すぐにサービスを導入することができます。

似たサービス形態として**レンタルサーバー**もあります。レンタルサーバーは一定の性能を決められた期間使用できるという形で料金を払うのが一般的ですが、クラウドは使用するときのみ使用し、使わないときは自由に停止や破棄を行うことが可能です。

クラウドのデメリットとしてハードウェアのカスタマイズができない点が挙げられます。システムに課せられた要件次第では特定のハードウェアを使用しなくてはならない場合があります。その場合はクラウドのみでの対応は不可能です。そのような場合はDirect Connectなどオンプレミスとクラウドでの連携を検討しましょう。

Point インフラ移動までの時間が早くなる

クラウドの導入はこれまでのオンプレと比べて調達のスピードが速くなります。数分で必要なだけリソースを用意できます。

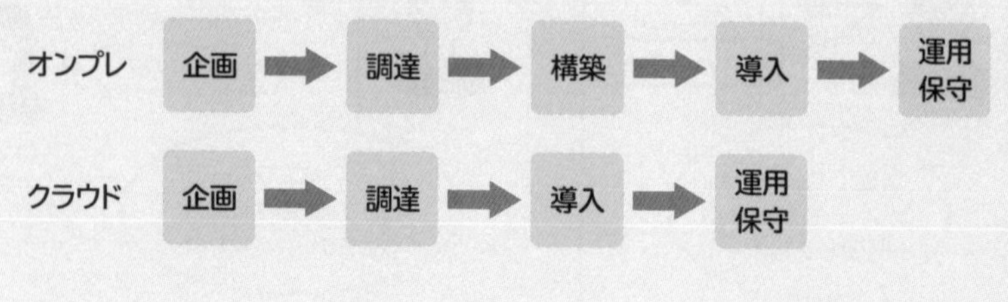

Point 様々なAWSのセキュリティサービス

AWSのセキュリティサービスは次のようなものがあります。

サービス	アイコン	名称	機能
認証		AWS Organizations	アカウントの管理
		AWS Identity and Access Management	権限の管理
		AWS Single Sign-On	シングルサインオン
		AWS Directory Service	ディレクトリの管理
		AWS Certificate Manager	証明書の管理
サイバー攻撃対策		AWS WAF	Webアプリの保護
		AWS Shield	DDoSの対策
		Amazon GuardDuty	脅威の検知
		Amazon Inspector	脆弱性の管理
データ保護		Amazon Macie	データ漏えいの防止
		AWS Key Management Service	暗号鍵の管理
		AWS CloudHSM	ハードウェア暗号化
監視・監査		AWS CloudTrail	ログの監査
		AWS Config	ルールの確認
		AWS Systems Manager	システム構成の管理
		AWS Trusted Advisor	セキュリティの評価

10 オンプレミスとクラウドの併用

オンプレミスとクラウドの併用、複数のクラウドを使用したハイブリッドクラウドについて説明します。

オンプレミスのよさ、クラウドのよさ

クラウドにすることで多くのメリットを得ることができます。しかし、運用しているサービスによっては、オンプレミスでしか動かせないアプリケーションやデータが存在したり、システムが巨大で一度にクラウドへ移行することが難しい場合などもあります。そのような場合は、オンプレミスサーバーとクラウドサーバーを接続して併用することができます。

段階的または部分的にオンプレミスで運用するサーバーを減らしていき、運用コストを下げることができます。

マルチクラウド化とは

また、単一のクラウドプラットフォームのみを使用していると、そのクラウドから提供される独自機能・技術のみに依存してしまいます。それを防ぐ対策として、あるクラウドへ移行したあとに別の（複数の）クラウドプラットフォームへ分散させる**マルチクラウド化**があります。

マルチクラウド化にすることで、1つのクラウドへ依存することなく運用することができます。その他にも要求に合ったサービスを複数のクラウドプラットフォームから選べるようになるので、ユーザーの細かい要求に対しても対応でき、障害に対するリスクの分散にもつながります。

しかし、運用コストがかかる、運用時に複数のプラットフォームに知見を持つ技術者が必要になる、などデメリットも存在します。

10-01 オンプレミスからクラウドへの流れ

オンプレミス

オンプレミス中心

メリット
自由にシステム運用ができる

デメリット
余剰なコストがかかる

オンプレミス+クラウド

クラウドとの併用
ハイブリッドクラウド

メリット
オンプレミスとクラウドの併用によってコストカットしつつ、従来どおりのアプリが実行できる

デメリット
単一クラウドサービスの独自機能や技術だけに依存する

マルチクラウド（オンプレミス+クラウド）

クラウド自体も複数を使う
ハイブリッドクラウド

メリット
様々な機能や技術を利用できる

デメリット
運用時に複数クラウドを知る技術者が必要

10-02 ハイブリッドクラウド（オンプレミス+クラウド併用）

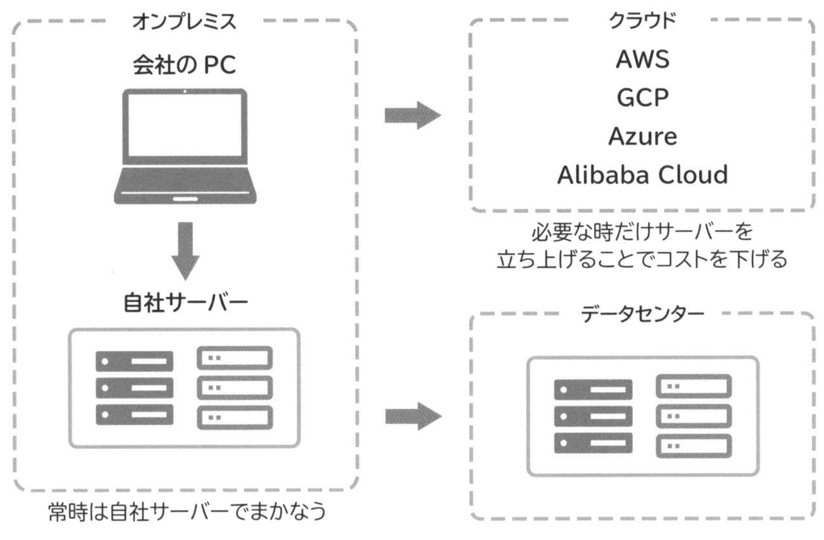

11 クラウドを使わない選択

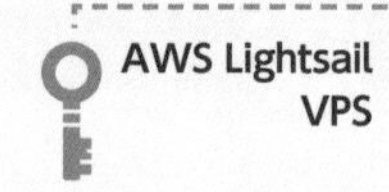

クラウドとクラウド以外の選択肢について説明します。一部の企業や組織は、自社の業務に合わせたシステムを構築するために、クラウドサービスを利用するよりも自社でシステムを構築することを選択する場合があります。企業や組織が自社の要件に合った最適なシステム構築方法を選択するために、慎重に検討することが重要です。

● クラウドを選定する条件とは

クラウドをどの部分で使うかは、ビジネス要件や社内、パートナーの人員のレベルに合わせて選定するとよいでしょう。

普通のホームページであればレンタルサーバーで十分なこともあります。また、レンタルサーバーの代替えサービスで**AWS Lightsail***というサービスもあります（第3章）。

簡単なテスト環境であれば**VPS***でも十分な場合があります。VPSの方が金額が安いこともありますが、VPSではリソースを柔軟に変更できないこともあります。

またすべてをクラウドで構成すると、ビジネスの要件でコストが問題になることもあります。例えば、常時稼働する動画配信サーバーなどをすべてAWSの機能を使って提供すると非常にコストが高くなります。安い金額で課金されるWebサービスでは配信部分の料金を抑えるために独自でサーバーを構築して配信している会社もあります。

機械学習のAPIもAWSでは便利なものが用意されており、精度も非常に高いのですが、想定するAPIの実行回数を計算してから使用することが非常に大切です。

オンプレミスの自社サーバーの例ですと、pixivさんの昔のインフラなど確認してみました（表11-01）。大量のコンテンツを保持する可能性のあるサービスを考える際には有効でしょう。

＊**AWS Lightsail**：一般的によく利用される構成の仮想サーバーを早く構築するためのサービスのこと。
＊**VPS**：Virtual Private Serverの略で、レンタルサーバーが提供する仮想サーバーのサービスのこと。

11-01 クラウドとの比較表

	レンタルサーバー	VPS	クラウド	オンプレミス
カスタマイズ性	×	○	○	◎
導入までの期間	○	△	◎	×
保守性	○	△	○	○
料金の安さ	○	△	○	×

11-02 ベニヤ板とDCのハイブリッド！ pixivインフラの過去（2010/07/21）

Pixiv社が
オンプレミスしていた頃の
自社サーバー

出典：https://atmarkit.itmedia.co.jp/news/201007/21/pixiv.html

12 障害と対策

AWSでシステムを構築するときは、復旧コストや障害からの復旧時間について検討してシステム構成を検討することが必要です。

AWSでは**SLA***という指標をサービスごとに明示することによって、一定のレベルで安定的なサービスの提供が宣言されています。

AWSのシステムがシステムダウンする（落ちる）ことは滅多にありませんが、一定期間ごとに障害が起きています。復旧のスピードを重視するとコストがかかるので、早期復旧のためにかけるコストと障害からの復旧までにかかる時間を天秤にかけてAWSのシステム構成を選択する必要があります。

筆者は障害の可能性があると思ったときには障害の状況を把握するために、Twitterなどを使用して検索しています。「AWS障害」などのハッシュタグで検索をかけると、問題が出ている場合はTwitterで障害に苦しんでいる旨のつぶやきがたくさん出てきます。

● バックアップとリストア

AWSのEC2やRDSなどのサービスでは定期的に**バックアップ**を取る方法が用意され、利用者は簡単にバックアップを取ることができます。

バックアップを取ることで、システムに何らかの障害が発生したとき、バックアップファイルを用意していれば、それを元にバックアップを取った時点の状態にデータを戻すことができます。このようなバックアップされたデータの中から戻す復旧作業のことを**リストア**と呼びます。

障害への対策として、構築したシステムで使用しているAWSリソースに対して定期バックアップが設定されていること、リストアができることを確認しておきましょう。

***SLA**：Service Level Agreement（サービスレベル管理）の略で、サービスを提供する事業者が利用者に対して明示するサービスの品質保証のこと。

● 特定のAZが落ちているとき

特定のAZのみがシステムダウンして止まっている場合があります。その場合はマルチAZのオプションを付けてシステムを構築しているとサーバー全体が落ちることを回避することができます。例えば、RDSのマルチAZは推奨されていますが、そのぶんのコストがかかるので、その都度検討することになります。

● サーバーをもっと落としたくないとき

特定のAZやリージョン、サービス、クラウドなどに依存しないように対応する必要がある場合もあるでしょう。AWSではそのような要望に応えられるように選択肢が用意されています。

12-01 過去の障害事例

	概要	影響を受けたサービス
2019年8月23日	東京リージョンの単一AZのEC2が停止。Amazon EBSのパフォーマンス低下。Amazon RDSの接続性低下。冷却システムのバグで温度が上昇していたことが原因。	代表的なサービスではPayPayが影響を受けた。
2020年10月22日	EC2の一部のインスタンスの接続、EBSのパフォーマンスが低下。	代表的サービスではPayPayやネクソンのメイプルストーリーなどが影響を受けた。
2021年2月20日	東京リージョンの単一AZでEC2への接続に問題が発生。	気象庁のサイト、ミクシィ運営のモンスターストライクも一時緊急メンテナンスになり影響を受けた。
2021年4月20日	東京リージョンのSQSのAPIエラーレートが上昇。	
2021年9月2日	東京リージョンの全体のAZでAWS Direct Connectでネットワークデバイスの障害が発生。 東京リージョンのデータセンターの途中にあるネットワークデバイスで障害が起きた。	三菱UFJ銀行やみずほ銀行のスマートフォンアプリ、SBI証券などのネット証券のWebサイト、KDDI au Payなど金融系サービスが影響を受けた。全日空では羽田空港などでチェックインを行うシステムに障害が発生。日本空港では貨物の情報に関わる一部のシステムに影響が発生し、幅広い社会サービスが影響を受け大きな問題となった。

参考：https://aws.amazon.com/jp/blogs/news/disaster-recovery-dr-architecture-on-aws-part-1-strategies-for-recovery-in-the-cloud/

13 関連情報

AWSに関する知識を深めるためには、公式ブログやAWSの資格取得などの方法があります。

● AWS公式の情報

個人の方が書いているブログの内容が間違っていることもあります。正しい情報を得るには、AWSのWebサイトで掲示されている公式の情報やAWSのエバンジェリストの方が書いている情報を優先しましょう。どこにも載ってない場合は、GitHubを読むと理解できることもあります。解決できない場合は、スタックオーバーフローなどを使用するか、AWSのサポート、もしくは請求代行会社の各種サポートを受けることも検討してみてください。

● AWS資格を取得する

AWSは資格が充実しています。**AWSクラウドコンピューティング認定プログラム**といい、①基礎コース、②アソシエイト、③プロフェッショナル、④専門知識の4分野に分かれています。調べるとたくさん出てきますので、より深く知りたい方は確認してみるとよいでしょう。

● AWSカルタ

50を超えるAWSのサービスは理解するにも一苦労です。そこで初めて見るAWSサービスのアイコンがある場合は、アイコンをカルタに見たてて覚える方法があります。**AWSカルタ**といいます。楽しみながらAWSサービスを覚えることができます。

● AWS-Karuta (AWSかるた)

```
https://github.com/jaws-ug/AWS-Karuta
```

13-01 AWSクラウドの導入事例

お客様のクラウド導入事例

さまざまな規模のお客様が AWS を使用して、アジリティの向上、コストの削減、そしてイノベーションの推進をクラウドで実現した方法を紹介します。

お客様事例を検索

注目のお客様事例

任天堂株式会社
株式会社ディー・エヌ・エー

全世界同時リリースする『マリオカート ツアー』の DB に Amazon Aurora を採用。高い品質が求められるゲーム配信基盤の運用工数を、大幅に削減。

導入事例を読む »

東京海上日動火災保険株式会社

基幹システムの主要基盤に AWS を採用。SoR 領域のクラウド化も推進し、DX を加速。

導入事例を読む »

浜松市

『デジタル・スマートシティ浜松』の推進を支える先進的なデータ連携基盤モデルとして都市 OS を AWS 上に構築。

導入事例を読む »

出典：https://aws.amazon.com/jp/solutions/case-studies/

13-02 AWSクラウドコンピューティング認定プログラム一覧

AWS認定	資格名	必要なスキルなど
基礎コース	クラウドプラクティショナー	AWSクラウドの概念やサービス、および用語の理解
アソシエイト	①ソリューションアーキテクト	幅広いAWSサービスのAWSテクノロジーに関する知識とスキルを保有
	②デベロッパー	AWSコアサービスやアーキテクチャの知識と理解、アプリ開発やデプロイ・デバッグを習熟する
	③シスオプス	ワークロードのデプロイ、管理、運用に関する知識がある
プロフェッショナル	①ソリューションアーキテクト	ソリューションの設計や運用、トラブル対応などの経験や知識がある
	②デプオプスエンジニア	ソリューションのデプロイと運用の自動化ができる

AWS認定	資格名	必要なスキルなど
専門知識	①セキュリティ	最低2年間のワークロードの保護に関する実務経験のあるセキュリティ担当者
	②データベース	オンプレミスとAWSクラウドのRDBと非RDBを扱う経験と知識を有する
	③マシーンラーニング	開発あるいはデータサイエンスの担当者でAWSクラウドの機械学習（ML）・深層学習ワークロードの開発、アーキテクチャ設計・実行について1年以上の実務経験を有する
	④アドバンスドネットワーク	ネットワークのタスクの実行、およびネットワークのアーキテクチャの設計と実装に5年の実務経験を有する
	⑤データアナリティクス	AWSサービスの分析（5年間）、ソリューションの設計・構築・保護・保守に関する経験（2年間）と専門知識を有する

13-03 AWS認定一覧

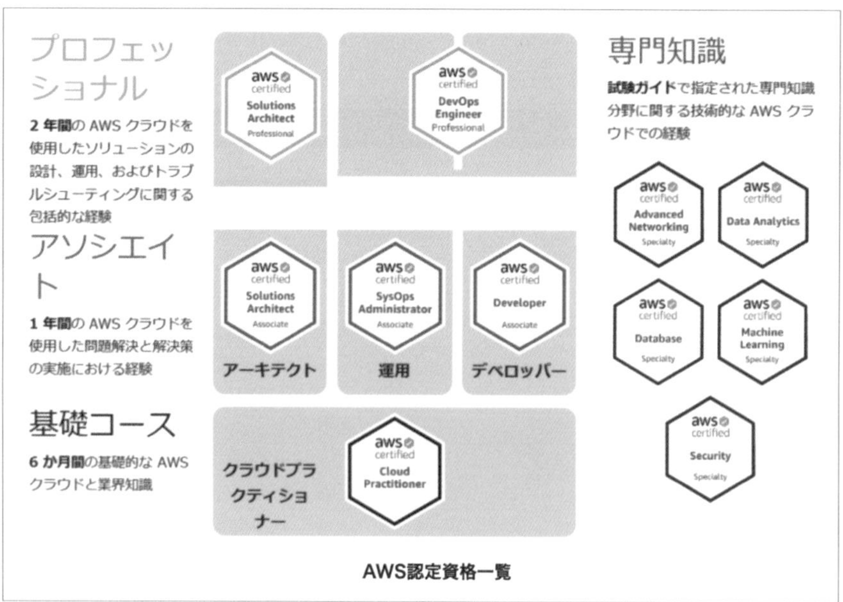

AWS認定資格一覧

出典：http://aws.amazon.com/jp/certification/

サービス料金とセキュリティ

AWSのアカウントを作成について、AWSを使うとどのくらいの料金がかかるのかについて説明します。また、最低限のAWSのセキュリティについても説明します。

AWSアカウントとIAMアカウント

AWSアカウント
ルートアカウント
IAMアカウント
IAMグループ
IAMポリシー / IAMロール

AWSのサービスを利用するには、AWSアカウントが必要です。無料で作成できるAWSアカウントは1年間限定で様々なAWSサービスを利用できます。

● AWSアカウント（ルートアカウント）とは

AWSと直接契約すると請求情報を見る権限があるアカウントが発行されます。請求情報を見ることのできるアカウントのことを**AWSアカウント**、あるいは**ルートアカウント**といいます。

AWSアカウントは直接使わないことが推奨されており、AWSアカウントが発行されたら、まずはIAMアカウントを発行し、IAMアカウントの方を使うようにします。

● IAMユーザー、IAMグループ

AWSアカウントから発行されるユーザーのことを**IAM**（Identity and Access Management）**アカウント**といいます。IAMアカウントでは、サービスや機能を制限する権限を設定することができます。IAMユーザーをまとめて管理したいときは、**IAMグループ**というグループに所属させて、ユーザー個別にではなくグループに対して権限を付けます。

● IAMポリシー

AWSサービスに対する権限設定として、「どのサービスの、どういった機能に対してなんの操作ができるか」を定義したものが**IAMポリシー**です。

● IAMロール

IAMロールはユーザーやグループだけではなく、他のAWSサービスやアカウントに対してAWSの操作権限を付与するための仕組みです。IAMユーザーごとにAPI

キーの2つを発行することができますが、現在では情報漏洩の問題からAPIキーを発行しないでIAMロールを使うことが推奨されています。例えば、EC2にRDSへアクセス権限を付与するIAMロールを設定しておけば、APIキーを発行して設定する必要がありません。

14-01 様々なアカウントについて

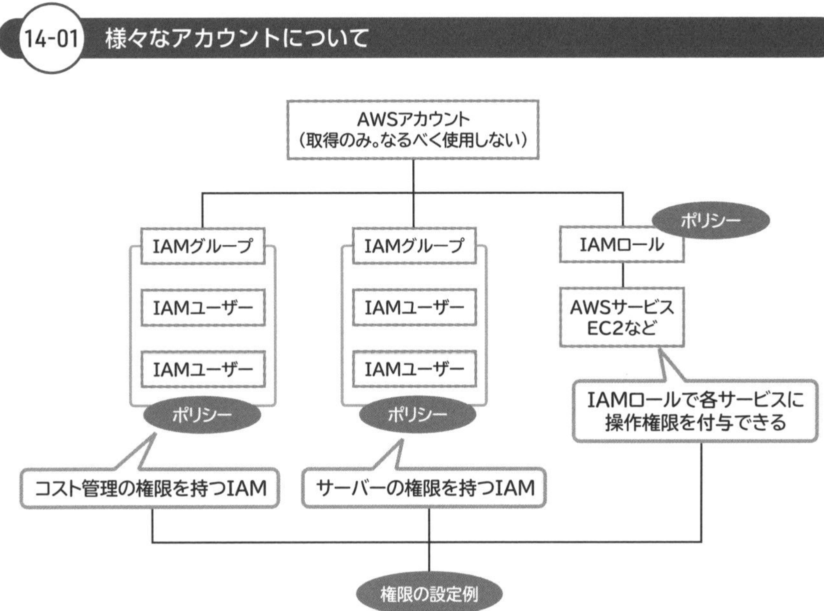

Point

AWSの薄い本　IAMのマニアックな話 Kindle版（著 佐々木拓郎）

AWSに詳しい著者が、IAMに関する内容を書いてる非常に珍しい本（電子書籍）です。Kindle版で提供されています。個人出版になるため、あまり知られていないかもしれません。

内容は、IAMのユースケースが実用レベルで書かれているため、現場の開発者には頼りになる内容となっています。

15 AWSを操作する方法

AWS CLI / AWS SDK
IaC
AWS Cloud Formation
AWS CDK
Terraform

AWSのサービスを使用する方法は複数あります。手動による操作やプログラミングで自動化して操作するなど、用途に合わせて操作する方法が選択できます。ここでは操作方法を列挙し、それぞれの操作方法に合う状況を説明します。

● GUIで操作する

AWSのコンソール画面（GUI）から手動で操作することができます。

サービスごとにわかりやすいUIの操作が用意されており、初めて使うサービスでも比較的操作がしやすくなっています。AWSを使用するにあたり、最も基本的な操作方法といえます。しかし、手動操作で実装することになるので再現性が低く、繰り返し行う処理には向いていません。

● AWS CLIで操作する

AWS CLI（AWSコマンドラインインターフェイス）は、AWSのサービスをコマンド入力で操作できるようにする統合ツールです。

コマンドラインでは、GUIのように直感的な操作ができません。使いこなせないうちは敷居が高いと感じる人もいるかもしれませんが、GUIと比較して作業スピードが上がるほかコマンドの再利用をすることで人的ミスの削減や引き継ぎ作業の単純化をすることができます。また、他のAWSサービスとの連携やプログラムとの連携などが可能になります。注意点としてCLIで使用する場合、秘密鍵などIAMの情報を自身で管理することになるので、セキュリティに注意を払ってください。

● AWS SDKで操作する

AWS SDKとは、AWSのサービスをプログラムから操作可能にするための開発キットです。既製のブラウザなどのWebアプリケーションを介さずに、直接AWS

サービスとやりとりできるアプリケーションを開発することができます。AWSでは開発言語や環境に合わせた様々なAPIやナレッジが提供されています。開発者はふだんから使い慣れた言語を使用して、AWSと連携したアプリケーションの構築が可能になります。CLIと共通しますが、SDKの場合もアクセスキーが流出しないように管理する必要があります。

● IaC (Infrastructure as Code) で操作する

サーバーやネットワークなどのインフラを構築するために、**IaC** (Infrastructure as Code) ではインフラの構成をプログラムのようにコードで管理します。IaCでは初めのテンプレートを作成するのに手間がかかりますが、一度作成しておくと2回目以降の構築が早くなります。また、変更管理もコードで管理することができます。

AWSではCloudFormation*、AWS CDK*が提供されています。**AWS Cloud Formation**ではJSONやYAML形式で記述してAWSのインフラを作成することができます。**AWS CDK**ではTypeScriptでも記述することができます。

Terraform*は独自の言語を使用して記述します。Terraformは他のクラウドでも動くようにサポートされています。

15-01 いろいろなAWSの操作

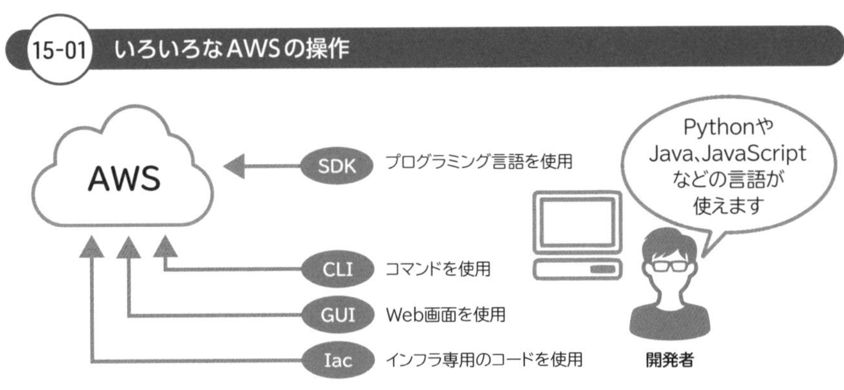

* **CloudFormation**：プログラムやテキストファイルを使ってAWSリソースを自動で構築するサービスのこと。
* **AWS CDK**：AWS Cloud Development Kit (AWSクラウド開発キット) の略で、作成したコードをAWS CloudFormationを通じてデプロイするソフトウェア開発フレームワークのこと。
* **Terraform**：HashiCorp社が開発したIac (Infrastructure as Code) ツールでのことで、開発環境に必要なインフラをコードによって自動で構築する。

16 AWSサービス料金の基礎知識

AWSで提供されるサービスは使ったぶんだけ使用料金が課金される仕組みになっています。

● 従量制課金と上手に付き合う

AWSでは使ったぶんだけ料金がかかる**従量制課金**になっています。よいサーバーを使えばそのぶんお金がかかりますし、開発サーバーなど使ってないときはサーバーを停止していれば料金を抑えられます。

経理担当者、あるいはサーバー運用の担当者は、定期的に使っている料金を確認するようにした方がよいでしょう。また、予算管理の方法として料金アラートの設定があります。AWSアカウントを開設したときに予算を設定し、利用料が予算に到達した時点でアラートのメールを送るものです。AWSは、この予算アラートの設定を推奨しています。予算を確認するには、AWSと直接契約しているときには請求の権限のあるAWSアカウント（本章を参照）を使用する必要があります。請求代行会社を使っている場合は、請求代行会社が用意するWebコンソール画面から確認することができます。詳細は各社に問い合わせてください。

クラウド全体にいえることですが、AWSサービスをたくさん使えば料金が高くなります。たくさん使う可能性がある部分は、事前に料金を計算するようにしましょう。また、事前にした料金の計算が間違ってる場合もありますので、定期的に料金をチェックすることが大切です。

● 代表的なサービス料金

EC2（第3章を参照）の料金は、インスタンスを立ち上げている時間とストレージ量、通信量の3つで計算されます。リージョンが別の場所でEC2を立ち上げっぱなしにしているなど、不要なEC2の止め忘れには注意が必要です。強力なインスタンスを使用すると思ったより高くなるので、使用する前に事前に料金を確認することをお勧めします。

S3（第4章を参照）料金は容量と通信量で料金が計算されます。多くのデータを送らない限りは料金が大きくなることはありませんが、大量のデータを送る場合は事前に計算しておいた方がよいでしょう。

RDS（第5章を参照）料金は、①インスタンスのスペック、②ストレージ量、③通信量、④バックアップなどで料金が計算されます。RDSは料金が高額なのでチェックが必要です。RDSはずっと停止をしておくことができないサービスです。7日経つと自動的に起動されます。EC2の中にデータベースをインストールするレベルでも問題ない場合がありますので、提供するサービスの種類によってはRDS自体を使うべきかどうかを検討してもよいでしょう。どうしても削除したくないRDSがある場合は、RDSを定期的に停止するバッチを作ると少し費用を抑えられます。

16-01 料金は従量制課金

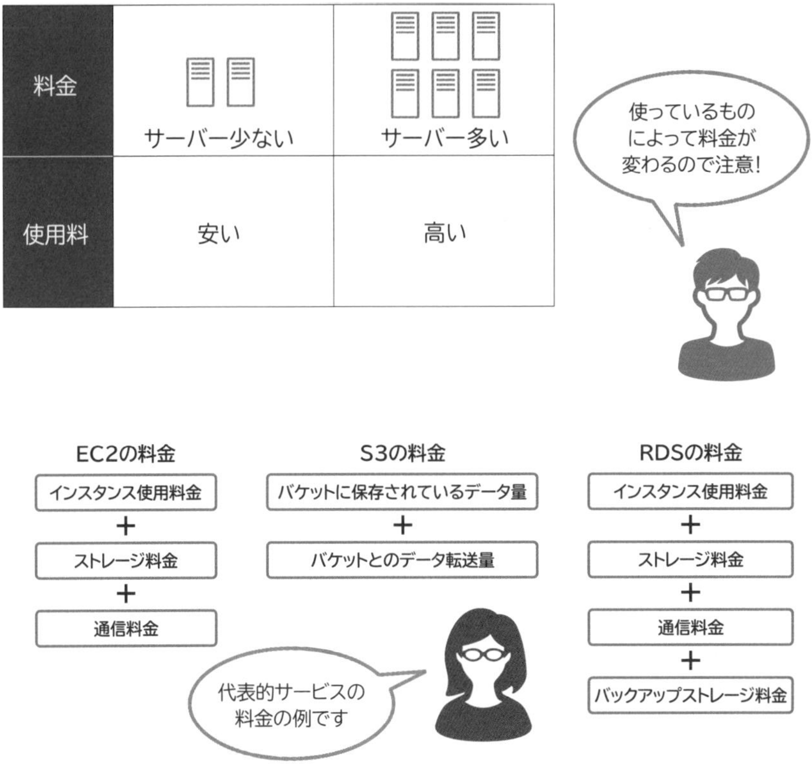

料金	サーバー少ない	サーバー多い
使用料	安い	高い

使っているもの
によって料金が
変わるので注意！

EC2の料金	S3の料金	RDSの料金
インスタンス使用料金	バケットに保存されているデータ量	インスタンス使用料金
＋	＋	＋
ストレージ料金	バケットとのデータ転送量	ストレージ料金
＋		＋
通信料金		通信料金
		＋
		バックアップストレージ料金

代表的サービスの
料金の例です

クラウドサービスで破産しないために

AWSサービスは従量制課金ですが、使用料が増大することがあります。ネットで調べると、AWSの設定ミスでLambdaを28億回実行した話や、Athenaで170万円の請求が来た話などが出てきます。

● キー情報の流出に注意

IAMからキーを発行したキーの流出によって、第三者から大量に使用されてしまうことがあります。よくあるのがパブリックなGitHubにプッシュしてしまう事例です。プッシュしてから数時間ほどでボットに拾われてしまい、不正にサービスが使用されることがあります。このような事例が多かったことから、いまではキー発行をしないでIAMロールを使用することが推奨されています。また、キー発行をする場合は、GitHubに間違ってアップロードをしないように注意してください。

間違ってアップロードをしてしまったことに気づいたときには、すぐにキーを無効にしてください。GitHubのコミット履歴からも消しておくとよいでしょう。

● サーバーレスで無限ループに注意

サーバーレスのサービスでは、GUIで簡単に設定ができる一方で、**無限ループ**を間違って設定してしまうことがありますので注意が必要です。具体的にはS3やLambdaを使ってループを作ってしまうことが多いようです。さらにAthenaなどの高機能のサービスを使用して金額が大きくなることもあります。

従量制課金で動いてる部分は永久に課金されてしまうので注意してください。

● 大量のデータ転送に注意

重いファイルをたくさん使用しているとネットワークの転送量が多くなる場合もあり得ます。ネットワークの転送だけではなく、大量の処理をする場合は前もって計算をするとよいでしょう。

17-01 キー情報の流出に注意

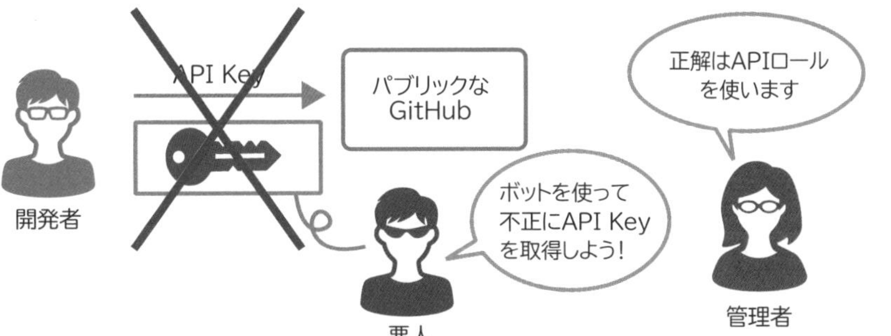

17-02 無限ループに注意

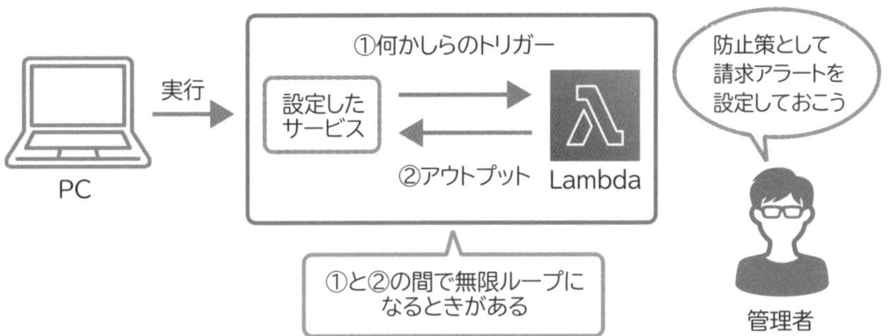

17-03 大量のネットワーク転送に注意

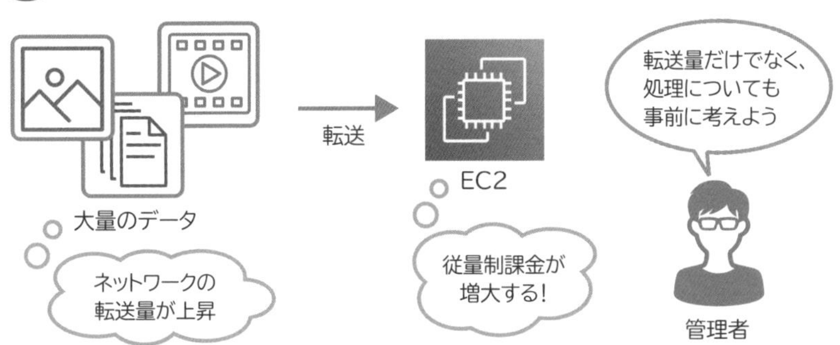

18 クラウドによる破産の予防策

AWS Budgets
Budgets Action
AWS Pricing Calculator
Amazon CloudWatch
AWS Cost Explorer

AWSサービスで破産しないために、いくつかの設定を事前にしておくことで予防することができます。クラウドサービスの利用には、月額料金やデータ転送量に応じた課金が必要です。大規模なシステムを構築する場合には、膨大なコストが必要となるため、破産の原因となることがあります。クラウドによって企業や組織が破産するかもしれないという一例です。クラウドサービスを利用する際には、適切なリスク管理やコスト管理を行うことが重要です。

● AWS Budgetsでアラート

1つ目の対策は**AWS Budgets**を使い、各アカウントごとに請求アラートを設定することです。上限の予算を設定しておき、上限を超えたらメール、またはSNSが飛んでくるように設定できます。設定していた場合はメールが飛んでくるので、定期的にメールを見るようにしましょう。さらに、**Budgets Action**を使うと、アカウントのコストを超えたときに特定のアクションが実行するように設定できます。

● リソースの監視

2つ目の対策は、AWSの各リソースと実行するアプリの監視を行うことです。**Amazon CloudWatch***を使用して、各リソースの使用状況を見ることができます。特定の閾値を超えたときにメールなどで通知することもできます。

● ランニングコストをチェック

使用するリソースによって金額が変わります。**AWS Pricing Calculator**を使用して計算してください。**ざっくりAWS** (https://aws-rough.cc) というサービスも簡単に計算できて便利です。

* **Amazon CloudWatch**：AWSリソースと実行するアプリケーションを監視するサービスのこと。

● AWS Cost Explorer

AWS Cost Explorerは、サービスごとのコストと使用量を見やすいグラフで表示することができます。

18-01 AWS Budgets

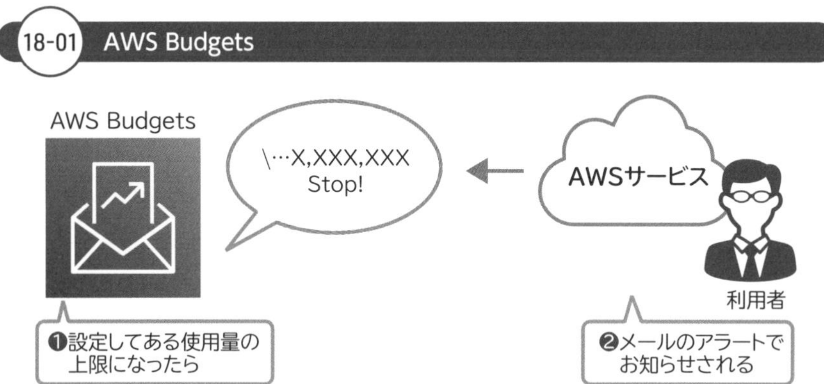

18-02 AWS Cost Explorer

19 セキュリティの基礎知識

AWSはサービスを提供するにあたり、責任の境界を責任共有モデルで定義しています。

● 責任範囲とは

AWSはセキュリティ対策に多大なコストをかけることで、セキュリティの高いクラウドコンピューティングを実現しています。とはいえ、AWSが力を入れてもパスワードが漏洩してしまうなど、ユーザー側の利用方法に問題があった場合は、AWSではどうしようもありません。

そのため、AWSがセキュリティ責任を担保する範囲と、ユーザーがセキュリティ責任を担保する範囲が明確に別れており、それぞれがセキュリティの責任を負う範囲を共有して守ることを**AWS責任共有モデル**と呼びます。

AWSはクラウド本体のセキュリティ責任を負っており、リージョンやAZ、ハードウェア、AWSが提供するストレージやデータベース、ソフトウェアなどがAWSの責任範囲です。ユーザーはクラウド内のセキュリティ責任を負っており、OSやファイアウォール構成、アプリケーションやユーザーデータなどが責任の範囲です。

また使用するAWSのサービスや適用される法規制などによって責任範囲が異なるので、使用するときは責任範囲を確認してから管理を始めてください。

● ユーザーの責任範囲のセキュリティ対策

前述のとおり、ユーザーもセキュリティに関しては注意するべき範囲があり、実装時は、その責任範囲において十分なセキュリティが保たれているかを確認する必要があります。実装時は、以下の点を特に気をつける必要があります。

●転送中のデータ保護

転送中のデータを盗み見られてデータが流出することがあります。盗み見られても内容を秘匿できるように適切なプロトコルを使用することを心がけましょう。

●保存されたデータの保護

蓄積データの物理的な保護はAWSが行っています。しかしデータベースやストレージの内容を意図しない場所でアクセスできる状態にすることがあります。そのような場合のために、データベース登録時に暗号化して登録を行ったり、マネージドサービスであれば、暗号化オプションを使用するなど、データの扱いには気をつけましょう。

●AWSユーザー情報の保護

ルートユーザーのアカウント情報は使用せず、使用者それぞれがIAMを最小限の権限で発行しましょう。また、IAMを発行する際は多段階認証を付与し、第三者が使用できないように保護しておきましょう。

●アプリケーションのセキュリティ

実装するアプリケーション自体のセキュリティも確認しましょう。SQLインジェクションなどの既知の攻撃にも対策をしておきましょう。

19-01 責任共有モデル

上位のセキュリティは利用者に責任がある(クラウド内)。
クラウド基礎となるセキュリティはAWSに責任がある(クラウド本体)。

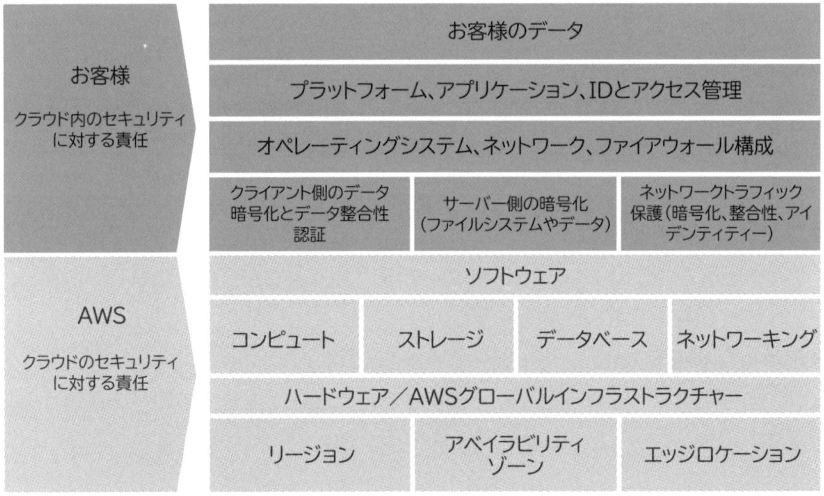

お客様
クラウド内のセキュリティに対する責任
お客様のデータ
プラットフォーム、アプリケーション、IDとアクセス管理
オペレーティングシステム、ネットワーク、ファイアウォール構成
クライアント側のデータ暗号化とデータ整合性認証
サーバー側の暗号化(ファイルシステムやデータ)
ネットワークトラフィック保護(暗号化、整合性、アイデンティティー)

AWS
クラウドのセキュリティに対する責任
ソフトウェア
コンピュート
ストレージ
データベース
ネットワーキング
ハードウェア/AWSグローバルインフラストラクチャー
リージョン
アベイラビリティゾーン
エッジロケーション

出典:アマゾン ウェブ サービス(https://aws.amazon.com/jp/compliance/shared-responsibility-model/)

20 セキュリティと料金設定

最低限設定したほうがよいセキュリティの設定を紹介します。初回のアカウント発行時にはMFA（多要素認証）の有効化から、IAMアカウントの発行などを行ってください。EC2のSSHなどIP制限をしてください。Session Managerを使ってもよいでしょう。

● セキュリティの最小設定ポイント

●2段階認証（MFA）を有効化する

AWSアカウント（ルートアカウント）はMFAを有効化してください。そうすることでMFAデバイスを持ったユーザーか、指定の仮想MFAを持ったユーザーのみがログインできるようになります。

●IAMユーザーの請求情報のアクセスを許可する

デフォルトではIAMユーザーは請求情報にアクセスできないため、設定をしておく必要があります。請求代行会社を使っている場合は、AWSアカウント（ルートアカウント）は持ってないことがあります。IAMに関しては、AWSの公式サイトからもIAMのベストプラクティスが発表されています。

●SSHのIP制限

不特定多数のIPを許可しないように、SSHなど**IP制限**できるものはセキュリティグループで制限してください。

●アクセスキーを使わない

IAMからキーを発行しないで**IAMロール**を使用することが推奨されています。

●CloudTrailを有効化

いつ誰が何をやったかをあとから確認することができます。90日分の履歴が残されます。

●Configを有効化

リソースの変更履歴を確認できます。いつの時点でどのような構成だったのか、また誰が作ったリソースなのかなどの変更を確認できます。

●GuardDutyを有効化

CloudTrail、VPC、DNSなどの**ログ**を分析して、悪意のある操作や動作を検知します。

●Inspectorを有効化

EC2やECRなどの**脆弱性診断**を行うことができます。

●Security Hubを有効化

設定することでアカウント内のセキュリティやコンプライアンスの準拠状態を確認できます。PCI DSSなどの一定基準のルールも用意されています。

GuardDuty、Inspector、IAM Access Analyzer、Firewall Managerなどのアラートを一元管理することができます。

20-01 Amazonによる5つのセキュリティ検討ポイント

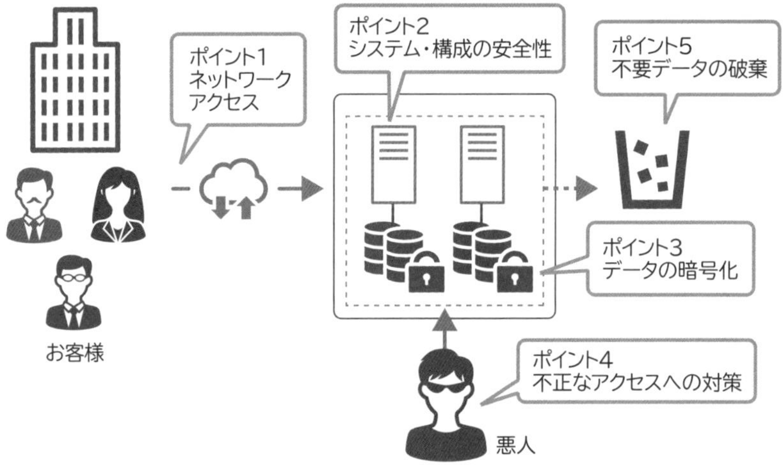

出典：アマゾン ウェブ サービス ジャパン

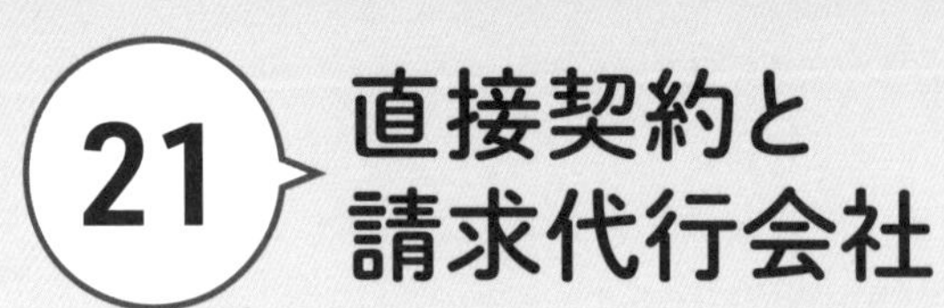

21 直接契約と請求代行会社

AWSサービスを契約するときに、契約する相手によって支払い方法が異なります。

直接契約、あるいは請求代行会社との契約によって支払い方法だけではなく、利用できるサービスや受けられるサポートも異なります。自社の予算や技術レベル、利用環境などを考慮して、どちらが適しているかを判断する必要があります。

● AWSとの直接契約

AWSと**直接契約**する場合は、クレジットカードを使用してアカウント登録をします。アカウント登録をするとAWSアカウント（ルートアカウント）が発行されます。AWSアカウントは請求情報まで操作ができる権限のアカウントです。そのためAWSアカウントはそのまま使用せずにIAMアカウントを発行して、普段はIAMアカウントを使用するようにすることが推奨されています。

● 請求代行会社（リセール）との契約

会計上の問題や補助金を使う場合には円建てで支払いしたい場合があります。そんなときに役に立つのが**請求代行会社**です。2022年3月からの急激な円安でAWSクラウドのコストが増加しています。一定の量を使う場合は割引のある会社を使用すると料金が抑えられる場合があります。

AWSではAWSパートナーネットワーク（APN）というパートナーシップの制度を設けています。プレミアティアとして認定されてる会社は日本でも限られており、実績も豊富で高い技術力を持っています。

● 請求代行のメリットとデメリット

・メリット

❶支払いを日本円で行える。請求書払いができる

❷利用料金を割引価格にしてもらえる（代行会社による）

- **デメリット**

❶請求代行会社と契約するとAWSの無料枠が使えない
❷請求代行会社を通してサポートへの問い合わせになるのでタイムロスが発生する
❸請求代行会社がAWSアカウントを管理するので機密情報が漏えいするリスクがある

21-01 契約の違い

●直接契約の場合

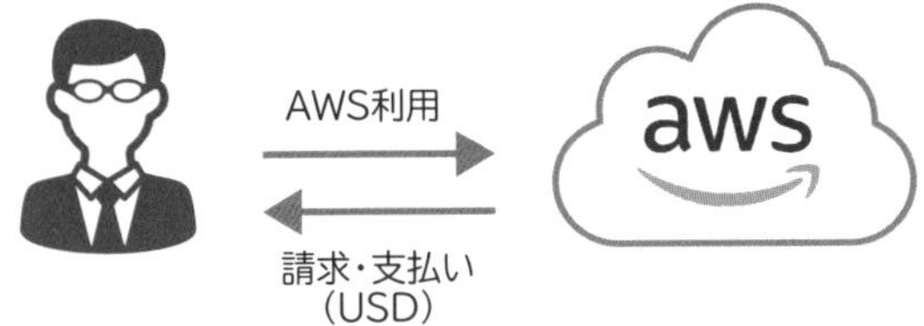

●請求代行の場合

21-02 3種類のAWS代行サービス

サービス	概要
請求代行	AWSパートナーの代行会社がお客様に代わりAWSからの請求・支払いを代行する（請求書払いや利用料の割引がある）
運用代行	AWSサービスの監視や障害の対応、各種の設定作業などを代行する
導入代行	新規にAWSを導入する際のシステムの構築やオンプレミスなどからの移行を代行する

Point 本当にあった課金の話

- 本当にあったIT怖い話　AWSの設定ミスで300万円のコスト超過、1日1回だったはずの処理が1分で160万回に　当事者に聞く反省点
  https://www.itmedia.co.jp/news/articles/2209/09/news014.html

- 「Athenaで170万円請求」「EC2が復旧できない」AWSしくじり先生
  https://logmi.jp/tech/articles/323762

- 10日間でAWS Lambda関数を28億回実行した話
  https://blog.mmmcorp.co.jp/blog/2019/12/25/lambda-cloud-bankruptcy/

- 身に覚えのない170万円の請求が……AWSの運用管理で起きた“4つのしくじり”
  https://www.itmedia.co.jp/news/articles/2008/17/news025.html

- AWS Lambdaで300万円以上課金されてしまった怖い話
  https://www.lac.co.jp/lacwatch/people/20220721_003048.html

- クラウド破産の実例と対策
  https://cloud-textbook.com/84/

03

コンピューティングサービス

AWSサービスのうち、アプリケーションを実行するためのコンピューティングサービスについて説明します。

特に、AWSのコンピューティングに関わるAmazon EC2やAmazon Lambda、AWS Elastic Beanstalk、Amazon Lightsail、AWS Marketplaceなどのサービスについて説明します。

22 サーバーとは

サーバー
クライアント

サーバーとは、その語源となった単語「Serve（仕える、給仕する）」が意味するとおり、要求に対して何かしらの処理を提供するコンピュータやソフトウェアのことを指します。また、サーバーに対し何らかの要求をするものをクライアントと呼びます。また語源の「Client」は顧客や依頼人などを意味します。

● サーバーが担う役割

サーバーはクライアントからの依頼に応じて処理を行い、**クライアント**はその処理の結果を受け取ります。この仕組みを利用してWebページやメール、動画配信などの様々なサービスが実現されています。

このサーバーを用意するには、様々な事柄に注意しなくてはいけません。提供するサービスの内容によって、サーバーで使用するOSやソフトウェアの選定・実装を行ったり、クライアントから要求される処理の重さに耐えられるスペックを要求されたり、サイバー攻撃から大切なデータ（顧客の個人情報など）を守れるようにセキュリティを万全にするなど、災害や大規模な障害が発生してもすぐに復旧して可動できるようにするなどの多数の注意点が存在します。

● 身近なサーバーの使用例

このサーバーとクライアントの関係を深く理解するために、具体例を見ていきましょう。ここではWebページを提供するためのシステム（Webサーバー）を例にします。クライアントとなるPCから特定のHPの閲覧依頼がサーバーに届きます。サーバーはその依頼を元にHTMLファイルや画像ファイルなどをクライアントに送信します。送られて来たHTMLファイルや画像ファイルをクライアントが受け取り、サーバーが保持する情報をクライアントで閲覧することが可能になります。

また、InstagramなどのSNSの場合では、ストーリーなどにコンテンツを投稿するコンテンツ投稿者がクライアントである自分のスマートフォンから動画やテキスト情報をサーバーに送信して、Instagramのサーバーに保存されます。

Instagramの閲覧者が、自分のスマートフォンからサーバーへ閲覧依頼を送信すると、それに対してサーバーがストーリーなどのコンテンツ情報を送信するので閲覧できます。こうしてコンテンツ投稿者とコンテンツ閲覧者との間でコンテンツの共有が実現しています。

22-01 クライアントとサーバー

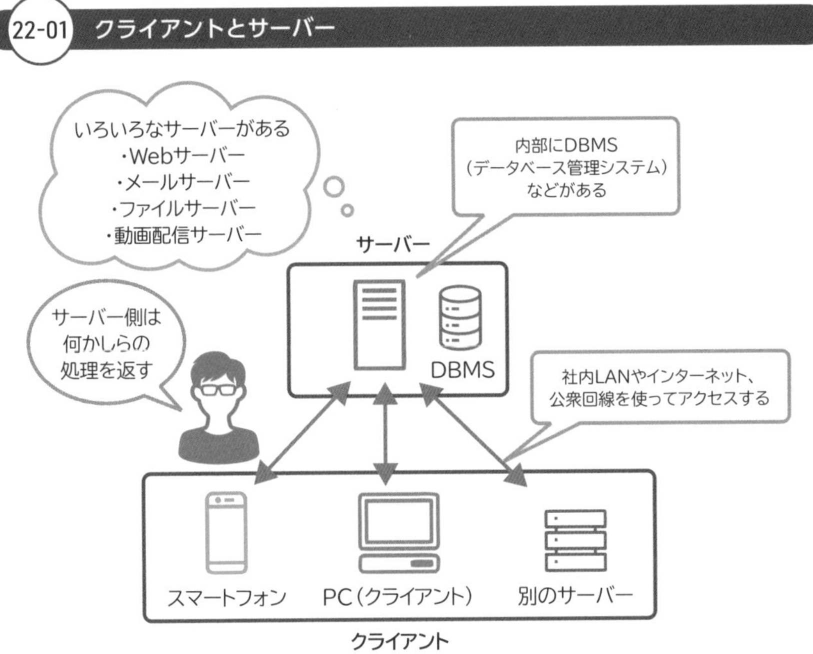
いろいろなサーバーがある
・Webサーバー
・メールサーバー
・ファイルサーバー
・動画配信サーバー
内部にDBMS（データベース管理システム）などがある
サーバー
DBMS
サーバー側は何かしらの処理を返す
社内LANやインターネット、公衆回線を使ってアクセスする
スマートフォン
PC（クライアント）
別のサーバー
クライアント

22-02 Amazon EC2は仮想サーバー

EC2インスタンス
利用者（開発者）
EC2は仮想サーバーの立ち上げができる
EC2の場合
面倒な作業は不要
ボタン1つで仮想サーバが作成
EC2でサーバーを立てるときは、「インスタンスを作る」と表現することがあります

23 Amazon EC2

Amazon EC2 (Elastic Compute Cloud) では仮想サーバーをインスタンスという単位で管理します。

AMIとは、OSやソフトウェアの設定があらかじめ入ったテンプレートのことです。

使用するOSやRAM、ストレージなどの計算リソース、リージョンやAZなどの様々な要素を実装者の要望に沿ってカスタマイズしてサーバーを構築することができます。

● インスタンスとは

EC2を立ち上げるにはEC2マネジメントコンソールから**インスタンス**という単位で設定します。インスタンスに使用するOSやストレージサイズ、インスタンスタイプなどの設定が終わると数分後には使用することができます。また、立ち上げたインスタンスは一時停止や再開することもできます。

EC2のメリットは、導入コストが低く、セキュリティなどの知識がなくても使用できること。そして、高い自由度を活かして状況に合ったサーバーを用意できることなどです。EC2を使いこなすことで様々な要求に対して柔軟かつ早急に対応することができます。デメリットとしてはランニングコストが低くないことです。サーバーの用途によっては冗長になってしまうことがあります。

シンプルなAPIの作成であればLambdaを使用したり、ファイルストレージであればS3を使用したりするなど、EC2以外のAWSサービス、レンタルサーバーやオンプレサーバーなどの幅広い選択肢の中から柔軟に選んで使用すればコスト削減につながります。

● EC2の設定について

EC2のインスタンスはストレージやネットワーク、計算リソースなどをカスタマイズすることが可能です。例えば、アプリケーションとの親和性を鑑みてmacOSを使用したり、深層学習モデルの作成のために高性能なGPUを使用したりするなど、インスタンスの設定いかんで様々なケースに対応することが可能です。

インスタンスのRAMや仮想CPUなどのスペックは、様々なインスタンスタイプの中から選択することができます。**インスタンスタイプ**はファミリーと呼ばれる大分類で別れており、汎用性のあるものや、メモリやストレージを最適化したものなどがあります。利用料金は性能に比例するので、必要最小限のリソースを有するインスタンスタイプを選択すればコストを抑えることができます。例えば、必要最小限の機能だけで十分であればt2.microのような汎用型の低リソースのものを、パラメーター数が膨大な深層学習モデルの訓練であればg5.16xlargeのような高性能GPUを持つものを選択するなどができます。

また不正なアクセスを未然に防ぐためには、インスタンスに適したセキュリティグループを適用する必要があります。必要最小限の権限となるルールを設定しておきましょう。

EC2にWebフレームワークとWebサーバーなどを設置します。Webフレームワーク（Laravel、Rails、Springなど）＋Webサーバー（Nginx、Apacheなど）。Webサーバーの設定が難しい場合はElastic Beanstalkなど検討するとよいです。Elastic Beanstalkに慣れる必要があるものの、デプロイのロールバックなど非常に便利な機能も揃っています。

23-01 EC2のインスタンス作成例

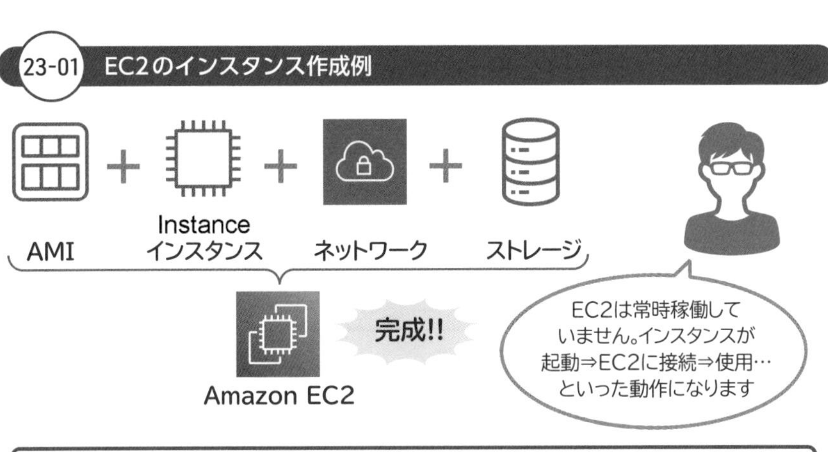

❶AMI（Amazonマシンイメージ）を決める：OSやインスタンス名を決定
❷インスタンスタイプ（スペック）を決める：インスタンスファミリー、インスタンス世代、インスタンスサイズなどを決定
❸ネットワークを決める：VPCやサブネット、セキュリティグループ（ファイアウォール）などを決定
❹ストレージ（EBS）を決める：SSDやHDDの種類を決定
❺高度な詳細を決める：インスタンスの追加パラメータを決定

汎用インスタンス
コンピューティング
最適化インスタンス
高速コンピューティング
ストレージ最適化インスタンス

EC2では様々なユースケースのために最適化されたインスタンスタイプが提供されています。インスタンスタイプごとに使用できるCPUやメモリ、ストレージ、ネットワークキャパシティーなどの組み合わせが決まっていて、利用者はその中から要件に沿うものを選びます。一般的にはインスタンスタイプが高性能なものほど料金が高いため、要件に対して冗長すぎないものを選びましょう。

● 汎用インスタンス

汎用インスタンスは、バランスの取れたコンピューティングやメモリ、ネットワークのリソースを提供して多様なワークロードに使用できます。

主にWebサーバーやコードリポジトリなど、メモリやCPUなどのリソースを同じ割合で使用するアプリケーションに最適です。

● コンピューティング最適化インスタンス

コンピューティング最適化インスタンスは、高パフォーマンスのCPUが特徴です。CPUでの計算コストが高い処理を行うシステムに向いています。

ハイパフォーマンスなWebサーバーやバッチ処理、機械学習推論、ゲームサーバーなどで使用されています。

● メモリ最適化インスタンス

メモリ最適化インスタンスは、メモリ内の大きいデータセットに対して高速に処理ができるように設計されています。

24-01 インスタンスタイプの例

インスタンスタイプ名	vCPU	メモリ	ストレージ	ネットワークパフォーマンス	備考
t2.micro	1GiB	1GiB	EBSのみ	低〜中	汎用型。最も基本的
t2.medium	2GiB	4GiB	EBSのみ	低〜中	
t4g.micro	2GiB	1GiB	EBSのみ	最大5Gbps	
r4.large	2GiB	15.25GiB	EBSのみ	最大10Gbps	メモリ最適化型
c4.large	2GiB	3.75GiB	EBSのみ	中	コンピューティング最適化型
i3.large	2GiB	15.25GiB	1 x 475 NVMe SSD	最大10Gbps	ストレージ最適化型
g5.xlarge	24GiB	4GiB	EBSのみ	最大10Gbps	高速コンピューティング型 NVIDIA A10G Tensor Core GPU搭載

24-02 インスタンスタイプのルール

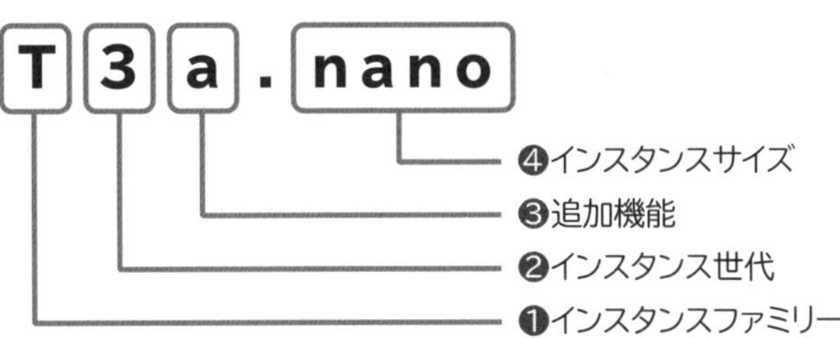

	名称	説明
❶	インスタンスファミリー	「汎用」「コンピューティング最適化」「メモリ最適化」「ストレージ最適化」「高速コンピューティング」の5種類がある
❷	インスタンス世代	数字が大きい方が新しい世代となる
❸	追加機能	CPUやネットワークなどの設定を変更した場合に追加機能が記載される
❹	インスタンスサイズ	vCPU／メモリ／ネットワーク帯域上限等のキャパシティはあらかじめ決められたセットから選択する必要がある

● 高速コンピューティングインスタンス

高速コンピューティングインスタンスは、高性能なGPUが用意されており、グラフィックスの処理や深層学習モデルの学習などに最適です。

● ストレージ最適化インスタンス

ストレージ最適化インスタンスは、大規模データなどローカルストレージに対して繰り返しの読み込みや書き込みアクセスを必要とする処理のために設計されています。検索エンジンやデータ分析などで使用されます。

● インスタンス

●インスタンスファミリー

インスタンスファミリーは、「汎用」「コンピューティング最適化」「メモリ最適化」「ストレージ最適化」「高速コンピューティング」の5種類があり、それぞれ特徴が異なります。例えば、基本的なタイプである「汎用」の場合、インスタンスファミリーは、「tシリーズ」や「m5」「m6」「a1」などです。

●インスタンス世代の説明

数字が大きい方が新しい世代となります。新世代のほうが基本的に性能は高く、価格も安い傾向にあります。

●追加機能

追加機能はないタイプもありますが、CPUをIntel製からAMD製やAWS Graviton製に変更したり、ネットワークを強化するなどの変更が行われた場合には追加機能が記載されます。

●インスタンスサイズの説明

vCPU／メモリ／ネットワーク帯域上限等のキャパシティはあらかじめ決められたセットから選択する必要があります。そのセットをインスタンスサイズといいます。インスタンスサイズには複数のサイズが用意されており、「nano」「micro」「medium」「small」「large」「xlarge」「2xlarge」のようにサイズが大きくなっていきます。ただし、すべてのインスタンスタイプに最小nanoから用意されているわけではありません。

例えば、m5の場合、以下のようにlarge以降のインスタンスサイズから選択可能です。

24-03 追加機能がある例

追加機能	説明	インスタンスタイプ例
a	CPUはAMD製を搭載（Intel製と比較しコストメリット高）	t3a／m5a／c5a等
g	CPUは AWS Graviton2を搭載（Intel製と比較しコストメリット高）	åt4g／m6g／c6g／r6g等
n	ネットワークを強化	m5n／c5n／r5n等
d	NVMeベースのローカルSSDストレージ（高速なIOのインスタンスストア）を追加	z1d 等
e	メモリ搭載量を強化（x1の場合）	x1e

24-04 m5インスタンスの例

m5のインスタンスサイズ	vCPU	ECU	メモリ(GB)	NW帯域幅(Gbps)	EBS帯域幅(Mbps)	料金単価(/h)
large	2	10	8	最大10	最大4750	$0.124
xlarge	4	16	16	最大10	最大4750	$0.248
2xlarge	8	37	32	最大10	最大4750	$0.496
4xlarge	16	70	64	最大10	4750	$0.992
8xlarge	32	128	128	10	6800	$1.984
12xlarge	48	168	192	10	9500	$2.976
16xlarge	64	256	256	20	13600	$3.968
24xlarge	96	337	384	25	19000	$5.952

25 ELBで行う負荷分散

ロードバランサーサービス

AWSで提供されるロードバランサーサービスは、Amazon ELB*です。ロードバランサーサービスの主な機能は、アプリケーションへのトラフィックの負荷分散を行うことです。ロードバランサーにより、コストを抑えることは可能ですが、利用時間や転送量に応じた料金が発生します。また、HTTP通信のSSL設定をする機能が付いています。いまではHTTP通信を暗号化してHTTPSにすることが一般的なのでとても便利です。

● ロードバランサーの役割

例えば、1つのサーバーでWebサーバーを運用している場合、そのサーバーの処理能力を上回るアクセスが一時的に発生した場合、レスポンスが低下する、またはサーバーがダウンする可能性があります。そのような場合の対処として、Webサーバーを複数台用意して**ロードバランサーサービス**を使用することによって、集中したアクセスを複数のWebサーバーに分散させることができ、1台あたりのサーバーの負担を下げることができます。

AWSのようなクラウドプラットフォームを使用する場合、振り分けるサーバーはEC2で用意してAuto Scalingでインスタンスを増減させることができます。初めから高性能なサーバーを用意することも可能ですが、アクセスが少ない場合は冗長となりコストも余計にかかります。ロードバランサーサービスを使用した負荷分散では必要に応じてインスタンスを増減させることができるので、コストを抑えながらシステムの冗長性を保つことができます。

また、トラフィックを送る先のサーバーが止まらずに動いているかを定期的に確認して、障害が発生しているサーバーにはアクセスを振り分けない機能があります。これによって可用性の向上を図ることもできます。

＊**ELB**：Elastic Load Balancingの略。

25-01 ELBによる負荷分数

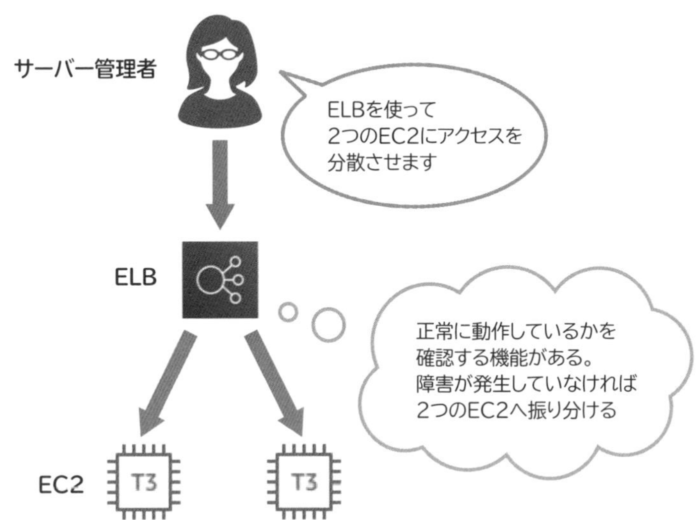

25-02 ロードバランサーの仕組み

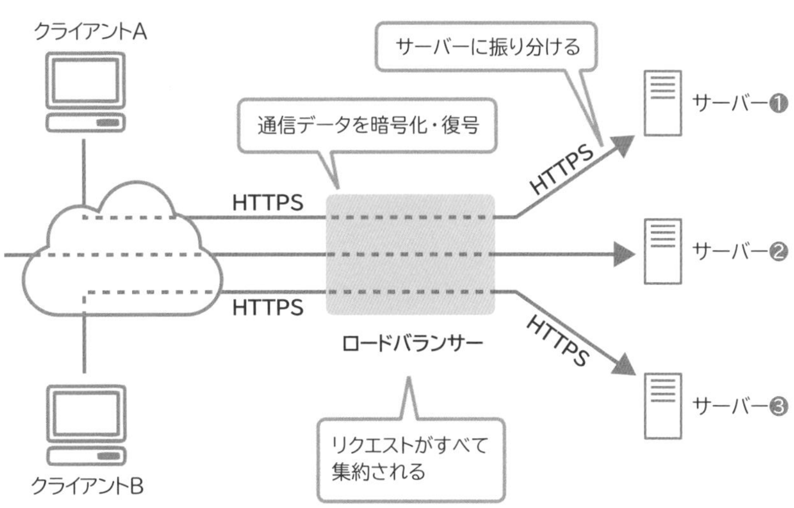

26 Amazon EC2 Auto Scaling

Amazon EC2 Auto Scaling (以下、Auto Scaling) は、設定された条件を元に、必要に応じてEC2インスタンスのレプリカの追加や削除を行うサービスです。常に必要最低限のリソースのみを運用することによって、比較的低コストでの運用が可能になります。

例えば、Eコマース事業を展開していて、EC2を利用したWebサーバーを運用したサービスを提供していたとしましょう。夜間や通勤時間などの時間帯の一定の周期においてアクセスが増加したり、メディアでサービスが紹介されるなどの何らかの外的要因から急激に需要が伸びてアクセスが集中したりする場合も考えられ、Webサーバーに要求されるスペックは状況によって大きく変わります。このような状況において、スケーリングしない場合は常に冗長なリソースを運用し続けて余計なコストを払い続けるか、あるいは少ないリソースに過大な負荷がかかってしまいサーバーがダウンして販売の機会損失や信用の損失などが発生してしまいます。

そのような状況に陥らないためにAuto Scalingは対象のサーバーのCPU稼働率を定期的に確認し、一定の閾値(しきいち)を超えていた場合にインスタンスを追加 (スケールアウト) させたり、一定のCPU稼働率の場合に (スケールイン) したりすることができます。

上記の例にAuto Scaringが実装されていた場合には、アクセスが集中してWebサーバーのCPU稼働率が上昇を検知した時点で、新たなEC2インスタンスが起動して負荷を分散します。また、アクセスが落ち着いてWebサーバーのCPU稼働率が低下すれば余剰なEC2インスタンスを削除 (スケールイン) します。

Point SSL化が容易

AWSではACM (AWS Certificate Manager) というhttp通信をhttpsへSSL化するサービスがついています。AWSは他のクラウドよりもSSL設定が初心者に優しい印象があります。ELBにACMを紐づけることで容易にSSL化することができます。

26-01 EC2 Auto Scaring

●通常時

顧客数が少ない場合
EC2 インスタンスが少なくて済む

●混雑時

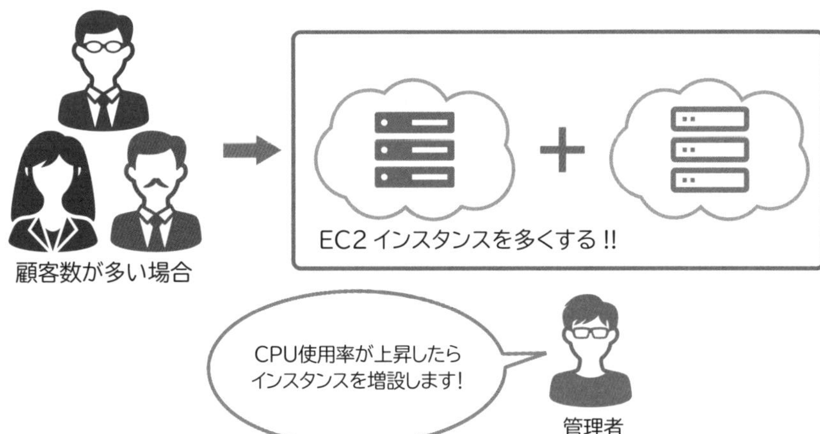
顧客数が多い場合
EC2 インスタンスを多くする !!
CPU使用率が上昇したら
インスタンスを増設します!
管理者

Point 急なアクセスへの対応

徐々にアクセスが増える場合には問題ありませんが、テレビやSNSでバズった時には一気にアクセスが増えることがあります。このような**スパイク***にはオートスケールは対応できないことがあります。リソースが張り付いてしまった時は1回サービスを止めてメンテナンス画面に誘導することもよいでしょう。初めは多めにサーバーを立てておいて後から減らしていく方式や、サーバーレスにしておくなどの対応が考えられます。

* **スパイク**：急激にアクセスが増えるという意味に使われる。

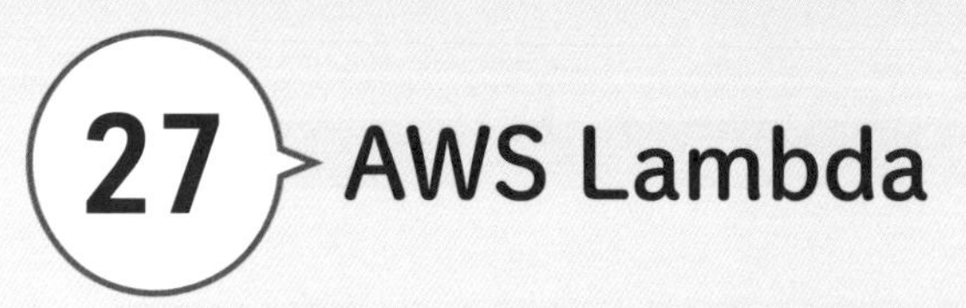

27 AWS Lambda

AWS Lamda（ラムダ）はサーバーを用意することなく、何らかのイベントが発生した際に、事前にクラウド上に用意したアプリケーションのコードを実行することができるサービスです（サーバーレスのコンピューティングサービス）。

EC2と異なり、常にインスタンスを立てるわけではないので、環境構築が不要で高速に開発することが可能で、運用も関数を実行したぶんだけの料金が発生（課金）します。またS3やRDSのようなAWSのサービスと連携することも可能です。またLambdaに登録された関数を実行するトリガーとなるイベントは様々あり、**API Gateway**へのリクエストや、**S3**や**IoT Core**からのアクセス、**AWS CLI**からの実行などがあります。

よくある使用例としては、S3にアップロードされたときにデータ処理を行ったり、Cloud Watchで特定の条件になったら連絡を飛ばすなどです。またGreengrassのようにLambdaを使用したサービスもあります。

Lambdaの使用に関する制約としては、同時実行数や実行時間に制限があるので、実装したいコードがそれらの制約に抵触しないかを確認してください。

Lambdaは様々な言語が実装可能です。Java、Go、PowerShell、Node.js、C#、Python、Rubyなどのコードを実装可能です。また、事前に使用する外部ライブラリをZipにしてアップロードしておくことで使用することができます。S3に機械学習モデルなどのデータを準備すれば使用することもできます。

●Lambdaのメリットとデメリット

メリット	デメリット
・サーバー管理から開放される ・ZIPファイルもしくはコンテナイメージをアップロードするだけで自動実行される ・コンピュータ資源の初期調整や管理が不要 ・クラウドサービスの自動調整ができる ・従量課金なのでコスト削減が見込める	・場合によってはEC2の方がコストが見合うこともある ・柔軟なシステム構築が難しいときがある

27-01 Lambda

●従来は…

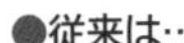

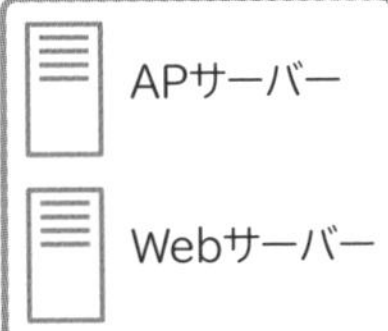
プログラム
APサーバー
Webサーバー
プログラム
これらが必要だった!!

各種のサーバー環境の構築や保守が大変です

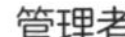
管理者

●サーバーレスは…

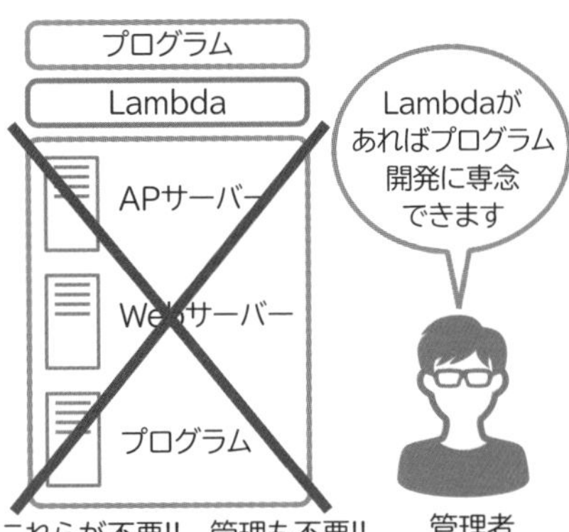
プログラム
Lambda
APサーバー
Webサーバー
プログラム
Lambdaがあればプログラム開発に専念できます
これらが不要!!　管理も不要!!
管理者

27-02 実行環境が揃っているLambda

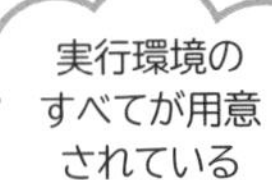
実行環境のすべてが用意されている

Lambda

基本機能を利用できる
・ストレージ
・データサービス
・メッセージ　など

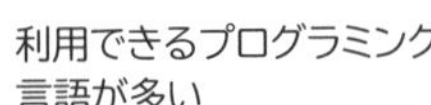
利用できるプログラミング言語が多い
・Python
・Node.js
・Java
・Ruby
・C#
…その他多数

すぐにプログラム開発を始められます
Lambdaは実行時のみ料金がかかります
開発者

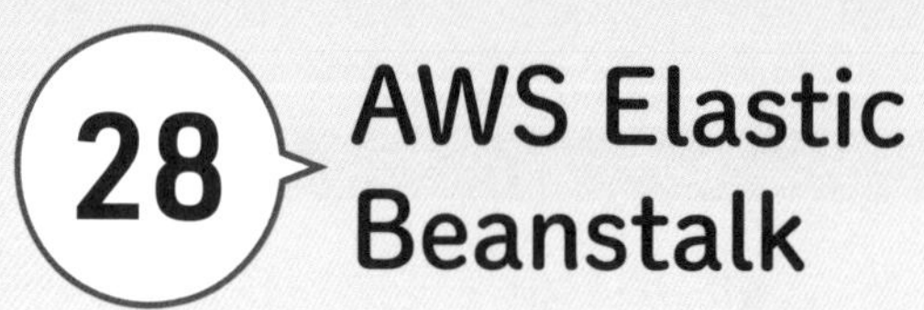

28 AWS Elastic Beanstalk

Python
Go
.NET
PHP
Java
フレームワーク

AWS Elastic Beanstalk（以下、Elastic Beanstalk）はJava、.NET、PHP、Node.js、Python、Ruby、Go、Dockerといった主要な言語や環境で開発されたアプリケーションをデプロイするための環境一式を自動的に作成するサービスです（一般的なPaaSサービスと同じ）。

● Elastic Beanstalkの機能

通常、AWS上にWebアプリケーションを作成するには、アプリケーションを実装するインフラストラクチャの準備が必要です。EC2のインスタンスの設定やRDSでのデータベース作成などの様々な作業が必要になります。それらの作業はアプリケーションのコードの作成よりも面倒な作業です。

NginxやApacheといったWebサーバーを自分で設定しなくても、Webサービスを動かすことができます。

設定するには、プラットフォームの一覧から指定して、アプリケーションのコードをアップロードするだけで、EC2やRDS、S3といったAWSリソースが自動的に構築され、アプリケーションがデプロイされます。EC2やRDSといったAWSサービスが使われるので、自分で一から構築することでも同じ構成が実現できますが、サーバーの知識がなくても構築ができるという利点があります。複数のデプロイ方式に対応しており、必要に応じたデプロイ方式を選択して簡単にデプロイできることも大きな特徴です。

● Elastic Beanstalkのメリット

Elastic Beanstalkを使用する場合は、作成するアプリケーションに合わせたインフラストラクチャ、EC2やRDS、S3といったAWSサービスが最適な形で使用されるため、使用者はアプリケーションの作成のみに集中して作業ができます。

Elastic BeanStalkでは**Python**や**Go**、**.NET**、**PHP**、**Java**などの様々な言語をサポートしているので多種多様な**フレームワーク**を実装できます。

また、開発者や管理者がインフラストラクチャに関するサービスの専門的な情報を持っていなくても、Elastic Beanstalkを使えば、最適なインフラストラクチャでの実装が可能になったり、自身で設計する場合と比較してコストパフォーマンスの面で最良の構成を実装できます。

28-01 AWS Elastic Beanstalkで開発に専念する

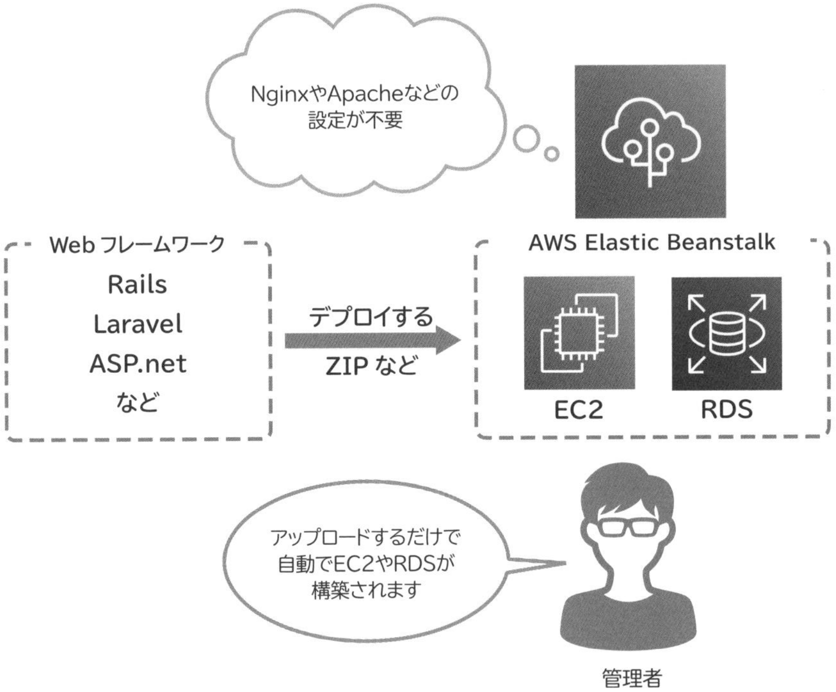

29 Amazon Lightsail

Amazon Lightsail (以下、Lightsail) は一般的によく利用される構成の仮想サーバーを簡単に素早く構築するためのサービスです。

● Amazon Lightsailの機能

わかりやすいアイコンとGUI操作で簡単に指定したソフトウェアがインストールされた**仮想サーバー**が作成できます。作成された仮想サーバーにはWebブラウザからコンソールアクセスが可能です。

サービス自体は既存のVPSサービスと同じようにシンプルですが、複数のサーバーを作成すると自動的にアクセスが負荷分散されたり、SSL/TLS証明書による通信の暗号化にも対応したりと、基本的な機能はしっかり用意されています。また、データベースやコンテナ環境の作成にも対応していることに加えて、**VPC***を通じて他のAWSサービスと連携できるので、簡単な構成の仮想サーバーのシステムはLightsailを使えばすぐに構築できます。

● Webサイト移行例

Webサイトをクラウドへ移行してAWSで構築する例です。レンタルサーバーを利用してWebサイトを運営していると、利用者数の増加に合わせてサーバーのスペックを上げる必要がでてきます。その際、スペックには上限があり、ビジネスのスケールに追従できないといったことがあるかもしれません。そのようなときに、Amazon Lightsailを検討しましょう。Lightsailにはシンプルな Webサイトを運営するのに必要な機能が含まれています。

例えば、WordPress のようなアプリケーションや LAMP 構成のような開発スタックが、事前に構築/設定されたインスタンスを利用できます。また、スナップショットの機能や AWS のセキュアなネットワーク機能をご利用いただけます。他のAWSサービスと連携した使い方も可能になっています。

29-01 LightsailでのWordpress環境構築の例

❶サービスのリソースグループからコンピューティングのLightsailを選ぶ
⬇
❷インスタンスロケーションを選ぶ（ふつうは東京）
⬇
❸プラットフォームの選択でLinux／Unixを選ぶ
⬇
❹設計図の選択（WordPress）を選ぶ
⬇

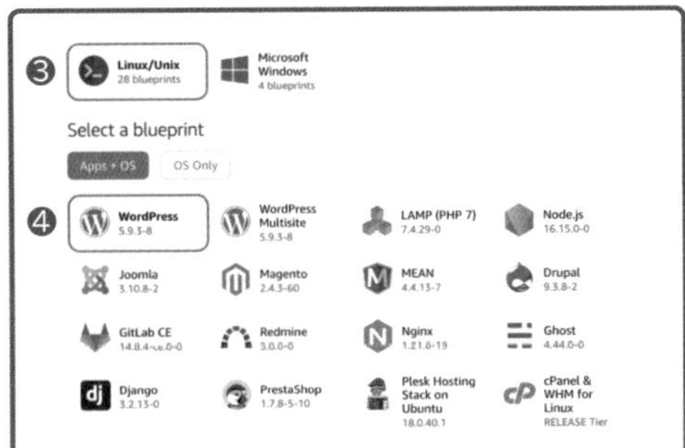

⬇
❺インスタンスプランの選択で5～80$USD／月を選ぶ
⬇
❻インスタンスの名前を指定（一意であること）
⬇
❼できあがり

29-02 レンタルサーバーからの簡易Webサイト移行例

●この構成での料金試算例

サービス	項目	数量	単価	料金（USD）
Amazon Lightsail	仮想サーバー	1*24時間*30.5日	3.50 USD/月	3.50
	通信量	7MB*3,000 PV/日*30.5日/1000/1000≒0.65 TB		0.00
				月額合計料金：3.50（USD） ※2020年5月23日時点での試算です

出典：Amazon（https://aws.amazon.com/jp/cdp/migrate-lightsail/）

＊**VPC**：Virtual Private Cloudの略で、仮想プライベートクラウドのこと。クラウド上に利用者専用のネットワークを構築するサービス。

30 その他サービス

AWS Batch
AWS Outposts
AWS Serverless
Application Repository

その他のコンピューティングサービスについて説明します。

● AWS Batch

AWS Batchは、指定したプログラムをEC2やAWS Fargate*で動作させるバッチサービスです。これだけだとLambdaと同じように聞こえますが、動作させるプログラムの順序の管理や、多数のプログラムを並列稼働するといった複雑な制御に特化したサービスになってます。

● AWS Outposts

AWS Outpostsは、AWSが物理サーバーを貸出するサービスで、利用者がオンプレミス環境でAWSと同じサービスを動かすことができるようになります。つまり、AWSをプライベートクラウド化して提供するサービスになります。

AWS Outpostsはデータセンターに設置できるような一式のサーバー機器のセットで提供され、内部ではEC2やECS、RDS、S3といったサービスが動作するように作られています。

これをデータセンターに設置し、AWSとインターネットなどで接続することで、データセンターにAWSが設置されたかのように利用できます。

● AWS Serverless Application Repository

AWS Serverless Application Repositoryは、サーバーレスアプリケーション用のマネージド型リポジトリです。チーム、組織、開発者個人が、再利用可能なアプリケーションを保存して共有できます。また、新しい方法でサーバーレスアーキテクチャを簡単に組み立ててデプロイすることもできます。

＊**AWS Fargate**：サーバーレスでコンテナを実行する機能を持つコンピューティングサービスのこと。

30-01 AWS Batch

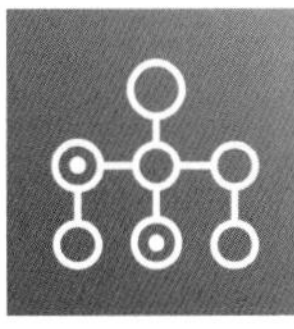

管理者
・バッチ処理を行う際に
適したリソースを配分します
・料金はAWS Batchにかかわらず、
バッチ処理は使用したEC2や
Fargetなどにかわります

30-02 AWS Outposts

自社のサーバールーム
（オンプレミス）
aws
管理者
・自社の閉じた環境にしか実装
できない場合に、オンプレミス環境に
AWSサーバーを設置するサービスです
・エンタープライズのサポートプランに
加入する必要があります

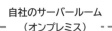

30-03 AWS Serverless Application Repository

31 AWS SAR

AWS Serverless Application Repository (以下、SAR)は、サーバーレスアプリケーションを保存して共有することのできるマネージド型リポジトリです。

サーバーレスアプリケーションとは、サーバーを必要としないで動作することのできるアプリケーションのことです。AWSのクラウドサービスを利用するもので、必要なときにクラウドサービスを使い、処理を実行します。チームや組織、開発者個人が、リポジトリに保存されているサーバーレスアプリケーションを使えるので、コードの複製やビルド、デプロイなど開発にかかる作業がなくなります。再利用可能なアプリケーションを保存して共有できます。

また、新しい方法でサーバーレスアーキテクチャを簡単に組み立ててデプロイすることもできます。

料金は、必要な時にAWSのサービスを利用するので、常時稼働するサーバーよりも安価です。

● 主な機能

●サーバーレスアプリケーションの共有

AWS上で動作するサーバーレスアプリケーションを共有するためのマーケットプレイスです。これにより、他のAWSユーザーが、自分たちのアカウントに簡単にサーバーレスアプリケーションをデプロイできます。

●AWS SAMテンプレートの共有

AWS SAM (Serverless Application Model) テンプレートを共有するための場所でもあります。他のユーザーが自分たちのAWSアカウントにデプロイすることができます。

●カスタムドメインのサポート

独自のカスタムドメインを使用してサーバーレスアプリケーションを公開できるようにします。AWSユーザーは、自分たちのサーバーレスアプリケーションに独自のドメイン名を付けて、カスタマイズされたURLを作成できます。

●バージョン管理

サーバーレスアプリケーションの複数のバージョンを管理することができます。これにより、他のAWSユーザーが、特定のバージョンのアプリケーションを利用することができます。

●ライフサイクル管理

サーバーレスアプリケーションのライフサイクルを管理するためのツールを提供します。アプリケーションの作成、更新、削除などの作業を簡単に行うことができます。

31-01 AWS Serverless Application Repositoryでサーバーレス構成の管理

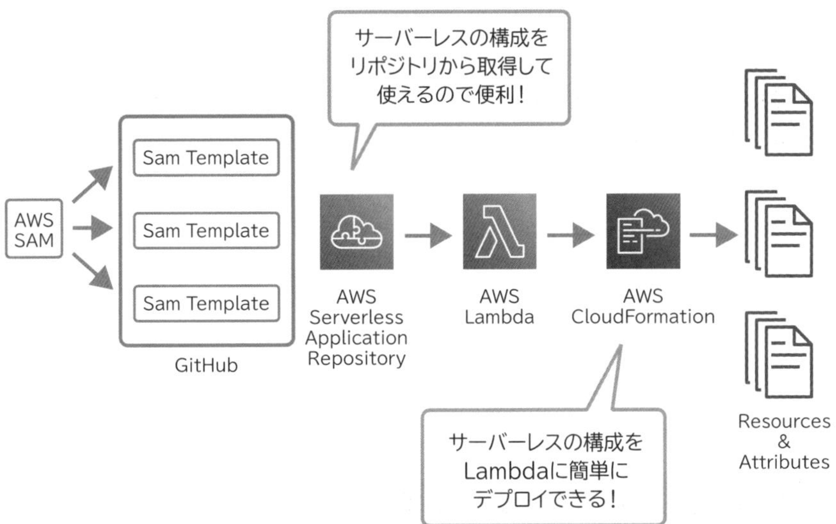

32 AWS Marketplace

AWS Marketplaceは、各ベンダがソフトウェアプロダクトをインストール済みのAMIを提供し、利用者は自身のEC2インスタンスとしてソフトウェアとして利用できる仕組みです。元から設定されたAMIがある場合は、構築の手間を省くことができる場合があります。試してみたい構成が明確な場合は、一度Marketplaceで検索してみるよいでしょう。

ソフトウェア自体は、無料で**EC2インスタンス**の利用料のみ金額がかかるところが多いそうです。

AWS Marketplaceから提供された**AMI**を使用することができるので非常に便利です。セキュリティソフトやWebサービスを提供している企業が、AMIにして提供してくれている場合があります。一から設定しなくてもWordpressやmysqlデータベースなどを元から設定しているAMIなどもあります。AWS Marketplaceで有料のものであれば、通常の料金の他に、企業への使用料も別途発生します。

●各分野で提供されるAMI

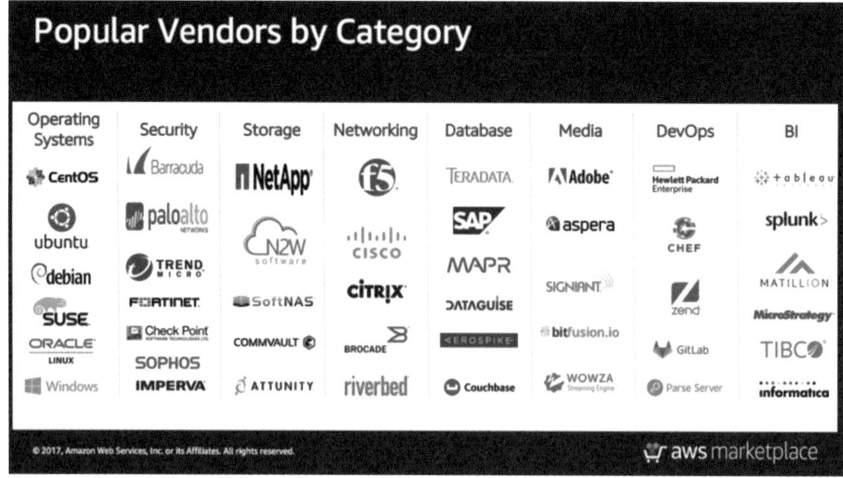

●4つのAMI

❶クイックスタートAMI	AWSが用意しているOSから選択できます。Amazon Linux、Ubuntu、Red Hat、Windowsなど。 100〜200円／月程度
❷カスタムAMI	ユーザーが自分で作成したAMIを保存して使うことができます。似た構造をコピーして使うことができて便利です。
❸AWS Marketplace AMI	企業が作成したAMIを使用することができます。 ユーザーが作成したAMIを共有することができます。
❹コミュニティAMI	AWSの審査がないので、本番環境には不向きです。

32-01 AMIの種類

❶クイックスタートAMI：AWSが用意する

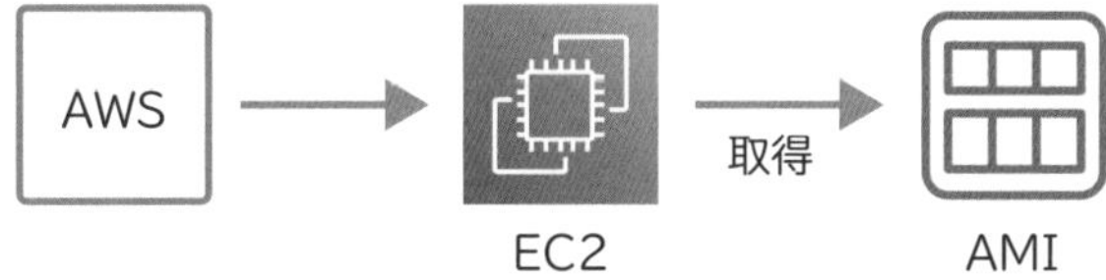

❷カスタムAMI：自分で用意する

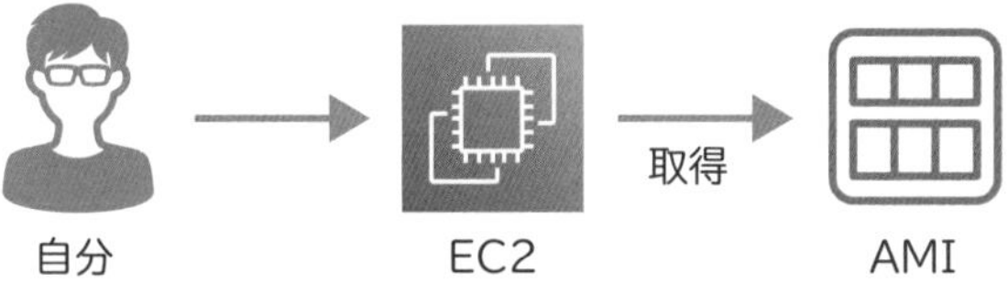

❸AWS Marketplace AMI：AWSと信頼されたサードパーティーが用意する

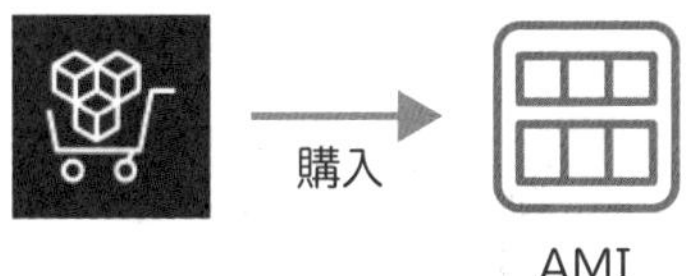

❹コミュニティAMI：任意のユーザーが用意する

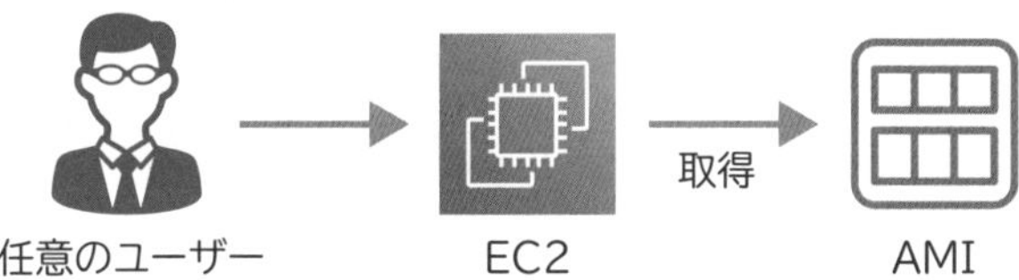

Point 実はあなたのPCもサーバーになれる

自分のパソコンでもサーバーとして使うことも可能です。設定さえすればどのようなコンピュータでもサーバーとして使えるのですが、一般的にはサーバーとして使えるように特化したサーバー用のコンピュータを使うことが多いです。例えば、写真のブレードサーバーは高価ですが多くの処理を同時に処理することができます。

参考：Wikipedia

04

ストレージサービス

データの保存や保護などのためのストレージサービスについて説明します。特に、AWSストレージサービスの基本となる、Amazon S3やAmazon EBS、Amazon Elastic File Systemについて説明します。

33 ストレージとは

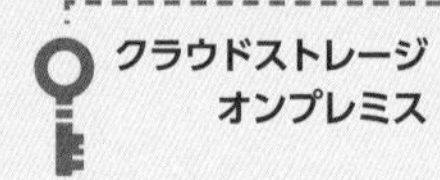

ストレージはコンピュータがデータを保存するための別の場所、またはデバイスを指します。その中でもクラウド上に存在してインターネットからのアクセスを可能にしたストレージのことをクラウドストレージと呼びます。

● クラウドストレージ

クラウドストレージにアップロードされたファイルはネットワークを介して取得できます。ファイル共有などに向いています。クラウドストレージはプラットフォームが提供する堅牢なセキュリティで守られているので、アクセス制限をしっかり管理していれば秘匿性のあるファイルでも問題なく共有ができます。

また、他のAWSサービスと連携することが多く、S3にデータを保存しておき、使用時に取得する形式をとっているものも多いです。

クラウドストレージのメリットは、ストレージ容量を柔軟に調整できることや、いつでもどこでもデータにアクセスできることです。多層的なセキュリティが提供されるため、データを安全に保管できたり、大規模なデータの処理が可能だったりします。導入コストが少なく、運用コストもかからないことが大きなメリットです。

一方、デメリットとしては、インターネット環境に依存するため、ネットワークの遅延や障害により、データへのアクセスに支障が生じる場合があります。セキュリティを万全にするには、高コストなセキュリティ対策が必要になります。クラウドサービス提供会社によっては、データの漏洩やサービスの中断などのリスクがあります。また、クラウドサービスの提供会社が変わる場合は、データの移行や移植に、時間と手間がかかることがあります。

● オンプレミスとの違い

オンプレミスでストレージサーバーを使用する場合は、用意したストレージ容量やデータの可用性、冗長性などの運用面で様々な注意を払う必要がありますが、クラウドの場合は容易にスケールすることが可能で、運用もプラットフォーム側が行います。

33-01 クラウドストレージ

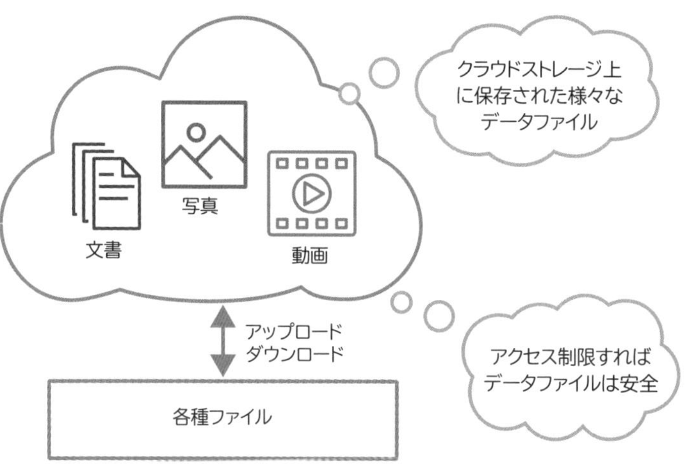

33-02 オンプレミスとクラウドのストレージの違い

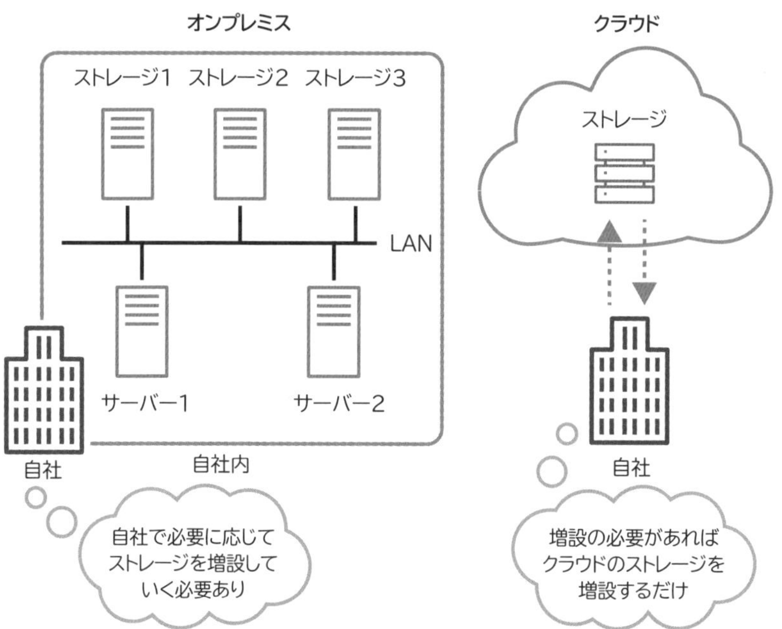

34 Amazon S3

Amazon S3* (以下、S3) はファイルデータを保存できるサービスです。

S3の機能

S3はバケットと呼ばれる単位でまとめられたストレージの中に、画像、動画ファイルやEBSのスナップショットなどの様々なファイルを保存することができます。ファイル1つのサイズが5TB (テラバイト) までという制限はありますが、保存できるファイルの総量に上限はありません。上限がある場合は、複数のデバイスで分けるなどの工夫が必要ですが、S3はそのような対応を考えることなく使用することができます。

料金は保存しているファイルサイズ、データの取り出し回数などから算出されます。S3ストレージクラス分析はアクセスパターンを分析し、低コストのストレージクラスへの転送を自動で行うことができ、コストパフォーマンスの最適化も可能です。

暗号化機能とアクセス管理ツールで不正なアクセスに対してデータの保護をしています。S3 Block Public Accessを利用することで一般向けに公開することができます。

●バケットとは

オブジェクト (データ) を保存する場所のことです。利用者は作成したバケットにオブジェクトを格納します。バケットに使用する名前は、世界中 (全リージョン) で一意である必要があります。

●オブジェクトとは

バケットに格納されるデータの本体です。バケット内のオブジェクト数は無制限に保存できますが、1オブジェクトの最大サイズは5TBまでという制約があります。

---

* **Amazon S3**：Simple Storage Serviceの略。

●キーとは

オブジェクトの格納URLパスです。バケット名とキー名、オブジェクト名を組み合わせて一意になるように設定します。

●ACL（アクセスコントロールリスト）とは

ACLでは、バケットとオブジェクトへのアクセスを管理します。利用者に対してバケットやオブジェクトにアクセスすることを許可します。

各バケットとオブジェクトには、サブリソースとしてこのACLがアタッチされています。ACLにはアクセスが許可されるAWSアカウントまたはグループと、アクセスの種類が定義されています。

34-01 S3のメリット

ドキュメント
イメージ
など
S3
いろいろなファイルが
保存できて、ファイルの総量に
制限がないので使いやすいです
利用者（開発者）

S3のメリット

- ❶自由なストレージ拡張・縮小機能
- ❷耐久性や可用性が高い
- ❸使用したぶんだけ請求されるので低コスト
- ❹静的なコンテンツの配信ができる
- ❺便利なツールが豊富に提供されている

Point S3トリガーが便利

Amazon S3のトリガーを使用することで便利なものを作ることができます。簡単に作ることができるため、簡単に永久ループを作ってしまうことがありますので気をつけてください。

35 Amazon EBS

Amazon EBS* (以下、EBS) は、Amazon EC2サーバーを作成する際に利用できるストレージサービスです。利用用途に合わせて4種類のボリュームのタイプがあります。

● EBSの機能

Amazon EC2にアタッチ*することでファイルシステムを構築したり、データベースを実行したりするなどの通常のサーバーのストレージのように使用することができます。また、アプリケーションの要求などでストレージの容量が足りなくなった場合は、EBSのボリュームを追加することができます。

Amazon EBSは同じAZにレプリケート*されており、高い可用性を実現しています。また、スナップショット*機能を有しており、ある時点のEBSの状態をS3に保存することも可能です。

EBSに使用するデバイスを選択することが可能で、デバイスのI/Oのスピードによって料金が異なります。デフォルトで設定されている汎用的な用途向けのSSDベースのAmazon EBS gp2は1GiBあたり月額0.1USDかかりますが、コールドデータなどで使用するHDDベースのsc1は1GiBあたり月額0.015USDで運用可能です。利用する際はシステムに必要なストレージサイズやスループットを考慮し、ボリュームタイプやEBS以外のデータ保存を行うサービスを検討して最適な方法を選んでください。

● 4種類のボリュームタイプ汎用SSD (gp2、gp3)

バランスのとれた汎用タイプで、一般的な用途に使用します。

---

* **Amazon EBS**：Amazon Elastic Block Storeの略。
* **アタッチ**：システムにおいて何らかの対象に取り込み、有効にする操作や動作のこと。
* **レプリケート**：複製を作ること。
* **スナップショット**：ある時点でのソースコードやディレクトリ、データベースなどをそのまま保存すること。
* **IOPS**：1秒あたりの書込み/読込み回数を単位として性能値を決定します。

● プロビジョンドIOPS SSD (io1, io2)

ストレージパフォーマンス (I/O) が必要な場合に使用します。必要なIOPS*を利用者が指定できます。

● スループット最適化HDD (st1)

アクセス頻度が高くても低コストで運用できる磁気ストレージです。

● Cold HDD (sc1)

スループット最適化HDD (st1) よりもさらに低コストの磁気ストレージになります。アクセス頻度が低い場合に使用します。

35-01 ディスク容量を追加しやすい

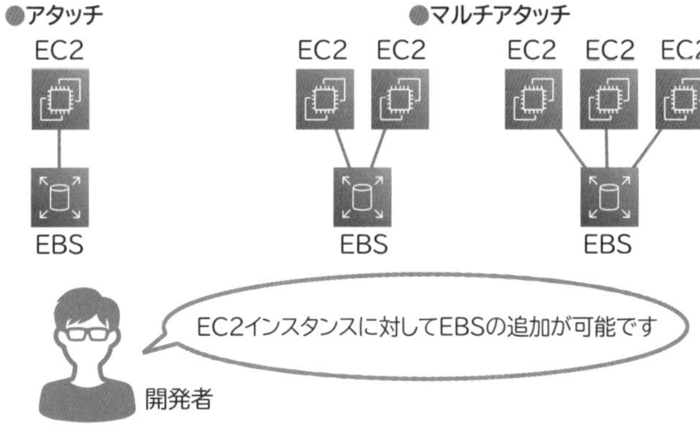

35-02 EBSボリューム

タイプ	呼称	ボリューム名	用途
SSDタイプ	io1	プロビジョンドIOP SSD (io1) ボリューム	極めて高いパフォーマンスが必要な時に使用
	io2	プロビジョンドIOP SSD (io2)	
	gp2	汎用SSD (gp2) ボリューム	一般的な用途に使用
	gp3	汎用SSD (gp3) ボリューム	
HDDタイプ	st1	スループット最適化HDD (st1) ボリューム	アクセス頻度が高くても低コストで運用する時に使用
	sc1	Cold HDD (sc1) ボリューム	アクセス頻度が低く、低コストで運用する時に使用

36 Amazon EFS

ブロックストレージ
ファイルストレージ
オブジェクトストレージ

Amazon Elastic File System (以下、EFS) は、EC2インスタンスにアタッチして利用するファイルストレージです。

● ファイル操作が容易なEFS

前述ではS3というファイルストレージを紹介しましたが、EFSはS3と異なり、EBSのようにEC2インスタンスから操作ができるようになります。OSからストレージデバイスのファイルを操作する場合はEFSが向いています。

EBSは後から追加できますが、ストレージの上限が指定されています。それに比べてEFSでは自走で容量をシームレスに拡張・縮小が可能です。またEBSが単一のEC2でのみアクセスすることが可能ですが、EFSは複数箇所のEC2インスタンスからのアクセスが可能で、アプリケーションをスケールアップした場合でも使用できます。Diirect Connectを使用することでオンプレミスサーバーとつなげることもできます。また、マルチAZで保存されて冗長化されている点もEBSと違います。

EFSではパフォーマンスに関して2つのパフォーマンスモードがあります。1つは1秒あたりのファイル操作が7,000に制限される代わりにレイテンシが低い「汎用モード」。もう1つはスループットを優先する代わりにレイテンシが少し長くなる「最大I/Oモード」です。多くの場合は汎用モードが推奨されますが、大規模なスケールアウトが見込まれる場合は最大I/Oモードを使用しましょう。

スループットに関しても2つのモードがあります。1つはスループットが高いときに拡張される「バーストモード」。もう1つは追加料金を払うことで一貫したスループットが提供される「プロビジョニングモード」があります。これらは利用者の要求によって使い分けます。

●ブロックストレージ

物理マシンの記憶領域をブロックとして切り出してデータを管理、保存するストレージです。記憶領域は、まず「ボリューム」という単位で分割され、そこから固定長の「ブロック」として切り出されます。ブロックストレージは階層構造ではなく、データを読み込む際にパスを複数指定することもでき、高速にアクセスできます。

●ファイルストレージ

データをファイルやディレクトリといった形で管理や保存するストレージです。データを保存する時は、データの種類やファイル名や作成日などのメタデータが付与されます。ファイルストレージではデータがファイルとして階層ごとに整理されているため、小中規模のデータ管理を行う際に簡単に扱うことができます。

●オブジェクトストレージ

アドレス空間にフラットな形式でデータを保存するストレージです。ファイルストレージよりも付与できるメタデータが多様で、保存期間やコピー階数といったメタデータも付与できます。付与されたメタデータはオブジェクトと一緒にフラット構造で保存され、インデックスも容易に作成できることから、大規模なデータであってもオブジェクトに高速なアクセスができます。

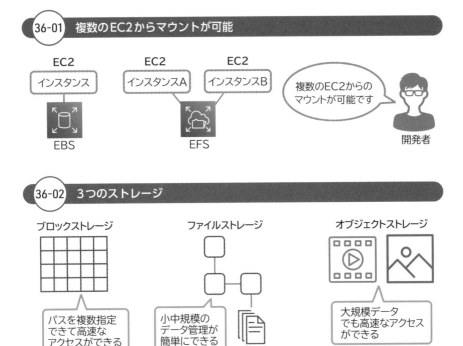

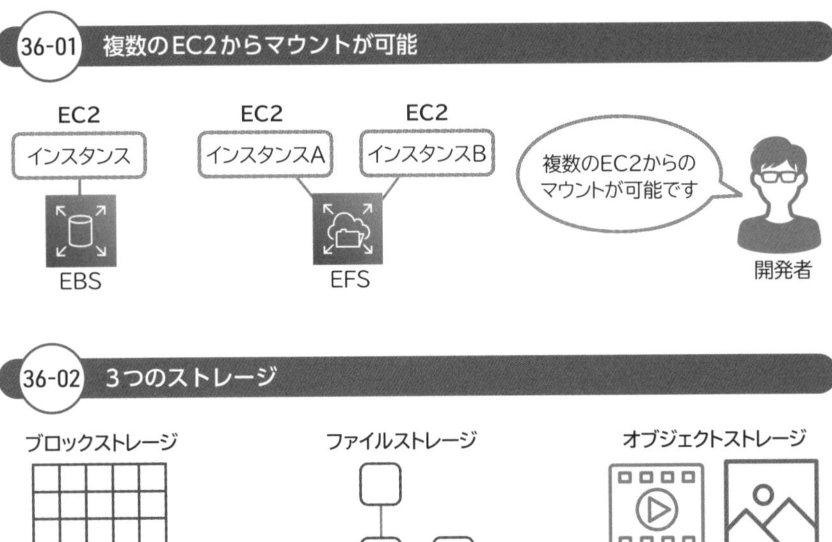
36-01 複数のEC2からマウントが可能
EC2
インスタンス
EBS
EC2
インスタンスA
EC2
インスタンスB
EFS
複数のEC2からのマウントが可能です
開発者
36-02 3つのストレージ
ブロックストレージ
パスを複数指定できて高速なアクセスができる
ファイルストレージ
小中規模のデータ管理が簡単にできる
オブジェクトストレージ
大規模データでも高速なアクセスができる

MEMO

05

データベースサービス

データベースの理解を深めるための説明とAWSサービスで提供されるデータベースについて説明します。特に、Amazon RDSやAmazon Aurora、Amazon DynamoDB、Amazon DocumentDB、Amazon Athena、Amazon Redshift、Amazon ElastiCacheについて説明します。

37 データベースとは

データベースとは、統合して管理されるデータの集まりのことです。データベース管理システム（以下、DBMS*など）によって操作され、データベース言語であるSQLを使用してデータの抽出や編集などの処理、複数人での同時処理などをすることができます。

● 一般的なデータベースの機能

システムで使用するデータはファイルデータとしても保存はできます。このほかデータベースを利用するメリットしては、①複数人が同時に接続した場合の処理ができる②ストレージデバイスの効率的な使用ができる③SQLを使用したデータ操作ができるなどがあります。Excelなどのアプリケーションを使う場合は、ユーザーが直接操作するデータはファイルデータが望ましいのですが、プログラムで扱うデータはデータベースの使用を検討するべきでしょう。

●リレーショナルデータベース

データを表の形式で管理する形を**リレーショナルデータベース**（以下、RDB）といいます。Excelでいう、シートを「テーブル」、列を「フォールド」、行を「レコード」と呼びます。フィールドには項目が入り、レコードには項目ごとに該当するデータが入ります。テーブル同士を組み合わせて表示できるため、複雑に関連している情報でも整理がしやすいです。現在は、RDBが主流となっています。

● データベース管理システムとは

データベース管理システム（以下、DBMS）は、MySQL、PostgreSQL、Oracle Databaseなど商用、オープンソースを問わず様々なデータベースが提供されており、システムの要件に合わせて選定されます。AWSでもそれらのデータベースを扱えますが、後述のAWSに最適化されたデータベースサービスの使用もできます。

＊**DBMS**：database management systemの略。

AWSでデータベースを使用する方法はいくつかあり、AWSのデータベースサービスを使用する方法もありますが、その場合は、EC2（仮想サーバ）上に、データベースを構築する必要もあります。インスタンスタイプを選べば低価格でデータベースを使用可能で、AWSなどが対応していないデータベースも実装可能ですが、OSのメンテナンスやディスク残量などに気を使う必要があります。データが消えてしまった場合を考えてバックアップを取る必要もあるでしょう。

これから紹介するデータベースサービスは、このような運用コストを考えることなく使用できます。それらの長所・短所を理解してシステムに最適なサービスを選んでください。

37-01 データベース

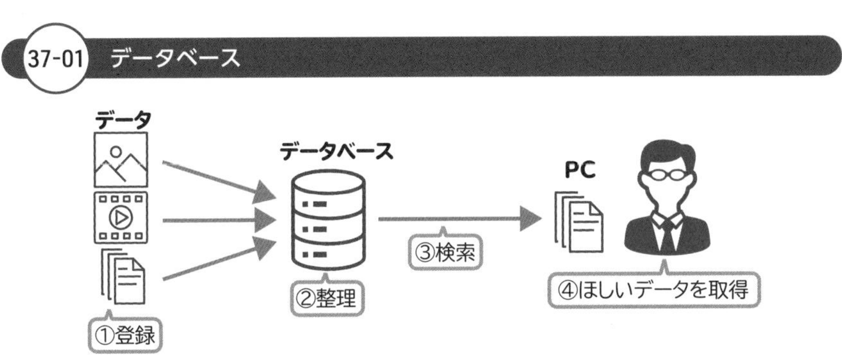

37-02 RDBとNoSQLの違い

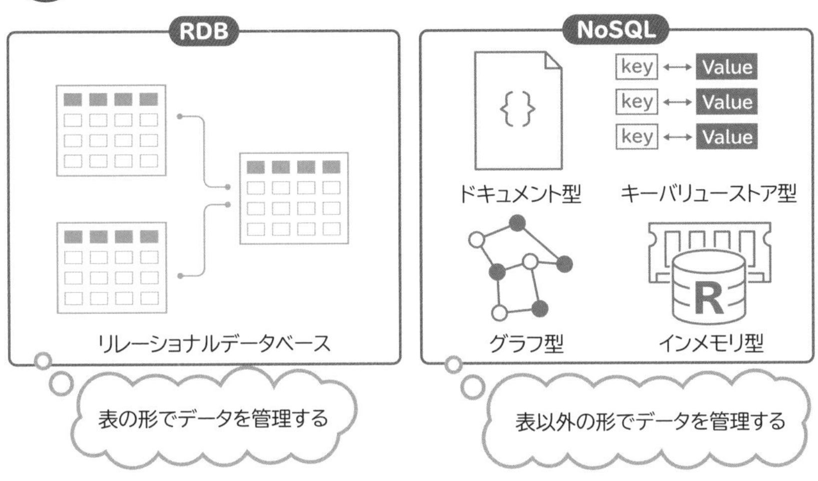

● RDBとNoSQLの違い

データベースはRDBとNoSQLに大別されます。どちらを使うのか選定する際には、両者の特徴を知っておく必要があります。ユースケースに合わせたデータベースを選択することが重要です。

●RDB

データを表の形式で管理する形をRDBといいます。1つの表形式のデータのことをテーブルといいます。テーブル同士を組み合わせて管理できます。複雑に関連している情報でも整理することができます。一方で、RDB以外のデータベースのことをNoSQLといいます。1980年頃からRDBが登場します。OracleやSQL Server、MySQL、PostgreSQLなどが有名です。

●NoSQL

2000年を超えたあたりからMongoDBやRedisなどのNoSQLが登場し始めます。NoSQLはインターネットの発展と共に新しいデータベースとして登場し、発展してきました。

● その他データベース

●階層型データベース

ツリーのようにデータを関連付けて保存する形を階層型データベースといいます。組織図のように、上層から下層に分岐する1対多の形でデータが整理されます。上層から特定のデータに至るまでのルートは1つなので、データの検索が早いという特長があります。

●ネットワーク型データベース

関連性のあるデータを相互に結び付けて保存する形をネットワーク型データベースといいます。階層型データベースを下層から上層に向けて、分岐させた形式のデータベースです。これにより、多対多の関係性が成り立つと同時に情報の重複登録が避けられます。

●RDBとNoSQLの主な特徴

RDB	NoSQL
正規化／リレーショナル	非正規化／階層構造
SQLを使用できる	DBによって異なる
データの堅牢性／一貫性	データの堅牢性／一貫性はDBによる
大量データに弱い	大量データに強い

●AWSのリレーショナルデータベース

	機能	ユースケース
RDS	一般的なリレーショナルデータベースの機能を提供。OracleやSQL Server、MySQL、PostgreSQL、Auroraなど使用可能	業務システムなどに使用 ・基幹システム ・業務システム ・顧客管理システム
Aurora	Amazon RDSの中の1つ。クラウド向けにAmazonが最適化したサービス。高速で、ランニングコストを下げることができる	業務システムなどに使用 ・基幹システム ・業務システム ・顧客管理システム
Redshift	列指向データベース。大量データに強い	データウェアハウス（DWH）、データレイク分析などに使用される ・BIツール ・分析ツール

●AWSの非リレーショナルデータベース（NoSQL）

DynamoDB	キーバリューストア型（KVS）のデータベース	スケールが必要なIoTデータなどに使用 ・トラフィックの多いWebサービス ・IoTサービス、ゲームサービス
DocumentDB	ドキュメント指向データベース。JSONなど不定形なデータ構造を保存可能	コンテンツ情報など不定形なデータを保存したい場合などに使用 ・コンテンツ管理、カタログ
ElastiCache	インメモリデータストア	高速処理が必要なキャッシュサービスなどに使用 ・キャッシュ、セッション管理 ・地理情報管理（GISデータ）

38 Amazon RDS

Amazon RDS* (以下、RDS) は、クラウド上でデータベースの設定や運用、スケールなどを行うことができる環境を構築するマネージドリレーショナルデータベースサービスです。

● RDSの機能

MySQL、MariaDB、PostgreSQL、Oracle、Microsoft SQL Server、そして後述するAWSに最適化されたデータベースであるAmazon Auroraなどを使用することができます。

自力でサーバーにデータベースを構築する場合は、環境構築やディスク残量の確認などの運用の手間やコストがかかってしまいますが、RDSはデータベースサーバーの構築や運用をサポートするマネージドサービスなのでそれらの作業を必要としません。

データベースソフトウェアを運用する場合、セキュリティや不具合などを更新するためのパッチが提供されます。運用者はそれを適用していきますが、RDSではそれを自動で行います。RDSはセキュリティ保護もしており、保管中と転送中にデータの暗号化を行っています。

システムの要求に合わせてCPUやRAM、ストレージのスケーリングが可能で、使用中のダウンタイムもありません。RDSの自動バックアップ機能を使用すれば、データベースをバックアップした時点の状態へ復元することができます。

● RDSの運用をサポートするサービス

また、RDSの運用をサポートするサービスも充実しています。Amazon Cloud Watchを使用してリソースの使用率やI/Oアクティビティなどを可視化したり、Amazon SNSでデータベースに発生したイベントをメールやSMSで通知したりす

＊**Amazon RDS**：Amazon Relational Database Serviceの略。

ることができます。

　また、RDSには様々な要求に応える機能を持っています。

　例えば、重要なデータがあって高い可用性を要する場合はマルチAZを使用したり、RDSの可用性を高めるために複数のAZにデータベースのレプリカを設置したり、データベースに問題が発生した際にはレプリカを使用して修復を行うことができます。

　読み取り頻度の高いデータベースのスループットを向上させる必要があるときは**リードレプリカ***を使用します。データベースの複製を作成して読み取りのトラフィックを複数のレプリカから取得することで、全体のスループットを向上させることができます。

38-01 RDSとEC2の構成

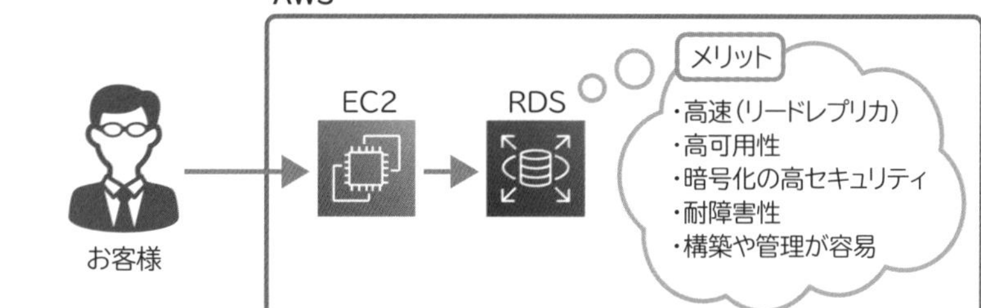

ES2	5000円／月
RDS	6000円／月

***リードレプリカ**：負荷分散のためにマスターのデータベースから複製された参照用のデータベースのこと。

39 いろいろなデータベース

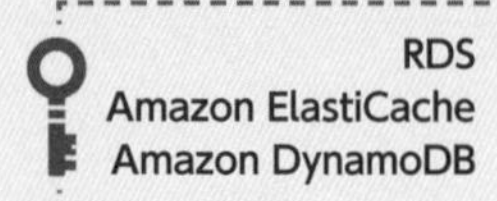

データベースには「階層型」「ネットワーク型」「リレーショナル型」の3種類が存在します。

現在、幅広く使われているのはリレーショナル型ですが、万能というわけではありません。そんな、リレーショナル型の欠点である処理速度の遅さをカバーしたのが、「NoSQL型」です。データベースを設計および導入する際は、種類の違いを押さえ、適切な種類を検討しましょう。

● RDSとは

データベースを選ぶには、業務などの一般的な処理に使用する場合か、あるいはデータを溜め込んで分析をしたいのかによって使用するデータベースが異なります。

RDSはリレーショナルデータベースのマネージドサービスです。横の列方向に強いデータベースなので、縦データが増えると重くなってきます。数億レコードを超えてくると、インデックスの効いていないデータの検索や集計処理などは重くなってきます。例えば、マネーフォワードの例*などは大変参考になります。

● AWSのデータベース

Amazon EMRやAmazon Redshift、Amazon Athenaは大量のデータを分析する場合に使用します。用途としては分析用になるのでトランザクションなどの業務向けの機能はあまり充実していません。

Amazon ElastiCacheはキーバリュー型のデータを格納します。シンプルな構造のデータを格納して高速で機能します。Webサービスのセッション情報などの単純なデータを管理することに使います。

＊**MongoDB**：ビッグデータやIoTのデータの処理で利用される。レコードをテーブルに格納するリレーショナルデータベースとは異なり、ドキュメントという構造的データの集合を管理する仕組みのこと。

＊**マネーフォワードの例**：120億レコードの金融資産データを扱うマネーフォワードのMySQL活用のこれまでとこれから（https://speakerdeck.com/ichikawatakashi/120yi-rekodofalsejin-rong-zi-chan-detawoxi-umanehuowadofalsemysqlhuo-yong-falsekoremadetokorekara）

Amazon DynamoDBはキーバリュー型よりも多くのデータを格納できますが、NoSQLなので大量のデータには強いです。用途としてはIoTのデータなどのようなデータが増える場合にAmazon DynamoDBを使用します。

Amazon DocumentDBはMongoDB*のマネージドサービスです。DynamoDBよりも多くのデータを格納できます。

以下の株式会社リクルートテクノロジーズの資料は非常に参考になります。

39-01 slideshare「ビッグデータ処理データベースの全体像と使い分け

スケールアウトはサーバーの台数を増やして分散することで処理能力を高める。
スケールアップはサーバーのCPUやメモリーなどの増設で処理能力を高める。

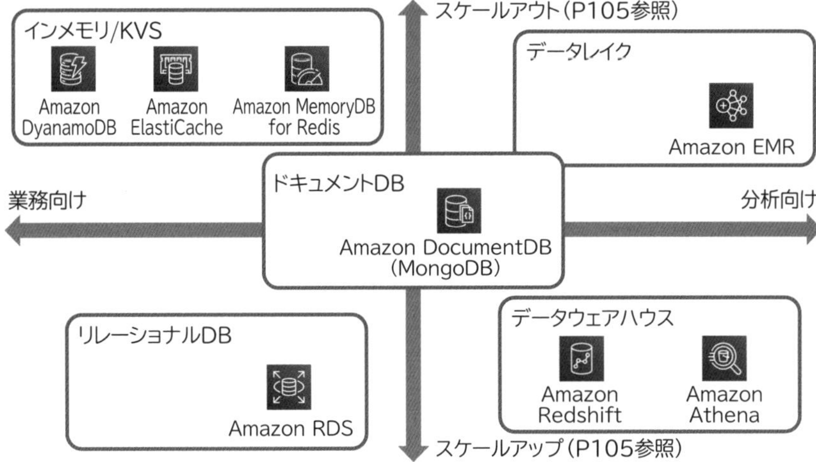

出典：株式会社リクルートテクノロジーズ (https://www.slideshare.net/recruitcojp/ss-64189311)

Point Cloud Spannerとは？

データの量が増えそうでトランザクション処理も大事というときにGoogle CloudのCloud Spannerを採用する場合もあります。Cloud Spannerを採用することで、トランザクション処理などを自動的に実行し、あらゆる使用パターンに応じて柔軟にスケーリング（使用量を自由に調節すること）できます。

参考文献：TOPGATEブログ「Cloud Spannerとは？」(株式会社TOPGATE)

40 Amazon Aurora

Amazon Aurora (以下、Aurora) は、AWSが作成したクラウド向けのリレーショナルデータベースサービスです。AWS向けに作成されたマネージドデータベースサービスで、MySQLとPostgreSQLと互換性があるのが特徴です。

● Auroraの機能

AuroraはRDSで使用するデータベース管理ソフトとして指定することができます。MySQLやPostgreSQLと同様に、RDSでのデータベース作成時に使用するデータベースソフトウェアとして指定してください。

Aurora使用者はそれらのデータベースで動いているシステムのコードやツールを変えることなく、既存のデータベースをAuroraに移行することができます。Auroraに置き換えることで、MySQLの場合では5倍、PostgreSQLの場合では3倍のスループットを得ることができます。データベースのスループットを要求する場合などに向いています。

移行する方法はいろいろありますが、RDSから移行する場合は、リードレプリカやスナップショットから移行できます。RDS外部のデータベースから移行する場合は、ダンプデータやS3にアップロードされたバックアップデータ、テキストファイルから移行することができます。

● Amazon Aurora DBクラスター

DBクラスターという単位で管理され、処理を行う1つ以上のDBインスタンスと、DBインスタンスのデータを管理する1つのクラスターボリュームで構成されます。

● Aurora レプリカ

Aurora以外のデータベースエンジンでは、可用性向上のためのスタンバイレプリカと、読み込み性能向上のためのリードレプリカをそれぞれ用意する必要ありました。Auroraレプリカは、1つで可用性向上と読み込み性能向上の両方の役割を持ちます。

40-01 Amazon Aurora

実装者側からはRDSと
大きな変わりはありません
●クラウド向けのRDB
●MySQLの5倍、PostgreSQLの3倍
●高い耐久性と可用性
Aurora
開発者

40-02 Auroraの特徴

❶Auroraのリードレプリカを最大15台配置できる
❷リードレプリカは稼働中に問題が発生して停止しても待機システムに切り替える仕組み（自動フェイルオーバー機能）がある
❸ストレージのオートスケーリング機能がある
❹「サーバーレス」オプションで起動や停止の自動化ができる

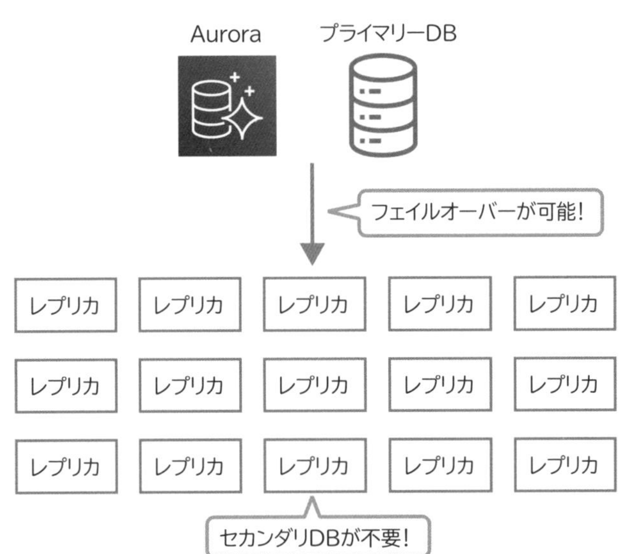

Aurora
プライマリーDB
フェイルオーバーが可能！
レプリカ
セカンダリDBが不要！

● ストレージのオートスケーリング

Amazon Auroraではストレージのサイズをオートスケーリングすることができます。最大65TBまで10GB単位でストレージサイズをスケーリングできます。

● 垂直方向　スケールアップ

仮想マシン自体の性能をアップします。インスタンスタイプを変更します。

● 水平方向　スケールアウト

インスタンス数を増やします。リードレプリカを追加したり、DB自体を増やしたりします。

Point 負荷への対応

ユーザー数やデータ数が増えると負荷が高くなります。負荷が高まってきたときには、インデックスの見直しやクエリの見直し、DB設定ファイルの見直し、オプティマイザのチェックなどをすることがあります。それでも対応できない時は、スケールで対応する場合があります。

データベースのスケールには、大きく2つあります。1つは仮想マシンの性能を上げる垂直方向のスケールです。もう1つは仮想マシンを増やす水平方向のスケールです。

垂直方向をスケールアップといい、水平方向をスケールアウトといいます。

40-03 垂直方向　スケールアップ

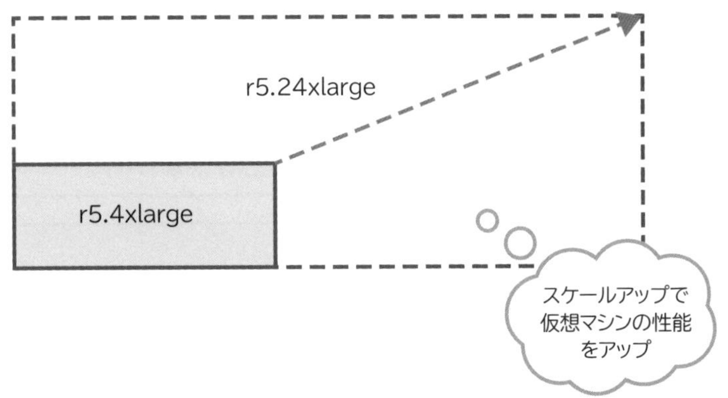

40-04 水平方向　スケールアウト

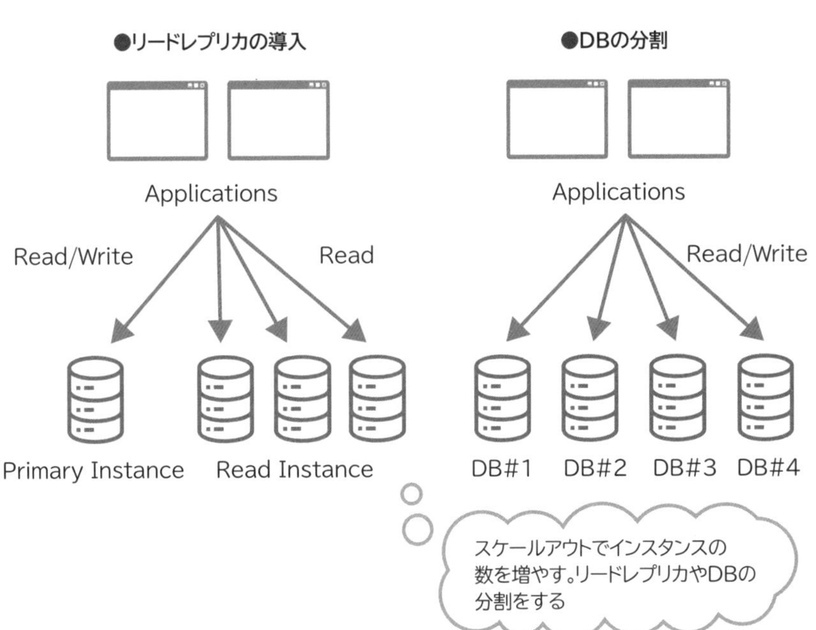

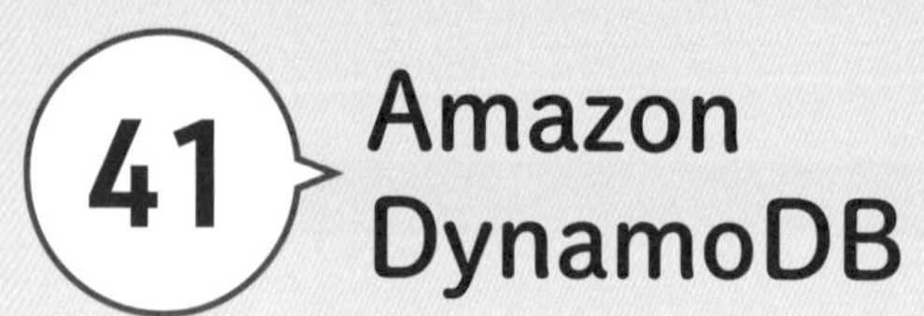

41 Amazon DynamoDB

スケーラビリティ
高可用性
クエリ
組み込みセキュリティ
フルマネージド型

Amazon DynamoDB（以下、DyanamoDB）はAWSが提供するNoSQLデータベースです。NoSQL（Not only SQL）とは特定のデータモデル専用に設計されており、RDBのように行、列で正規化せずJSON形式の構造化データを扱います。

● DynamoDBの機能

RDBと異なり、原則的に一般的なSQLを使用せずにAPIを通して処理をします。

NoSQLへの慣れが必要ですが、コンピューティングに最適化されているのでデータベースへの読み書きが非常に高速です。そのため、大量に同時アクセスされるタスク、SNSやゲーム、IoT、ウェブスケールアプリなどに向いています。

また、MySQLやAuroraなどでは容量に上限がありますが、DynamoDBにはありません。サーバーレスで使用することができます。そのため、運用作業は必要ありません。

集めたデータはS3にエクスポートできます。エクスポートしたデータをAthenaで分析したり、Amazon QuickSight*で知見を得たりするといったこともできます。

● 主な機能

●スケーラビリティ

DynamoDBは、数百万のリクエストに対応できるように設計されています。必要に応じて自動的にスケールし、高速かつ一貫性のあるパフォーマンスを提供します。

●高可用性

グローバルに複数の可用性ゾーンにデータを複製することで、高可用性を実現します。これにより、システム障害や自然災害などの問題が発生しても、データが失われることはありません。

＊Amazon QuickSight：分析する環境が作れるサーバーレスのBI（ビジネスインテリジェンス）サービス。

●柔軟なデータモデル

JSON形式のドキュメント、キーバリューペア、カラムファミリー、グラフなど、様々なデータモデルをサポートしています。

●機能豊富なクエリ機能

高速な検索を実現するために、グローバルセカンダリインデックスやローカルセカンダリインデックスをサポートしています。また、フィルタリングや集計などの高度なクエリ機能も提供しています。

●組み込みセキュリティ

DynamoDBは、暗号化、アクセス制御、監査ログなどのセキュリティ機能を組み込んでいます。また、AWS Identity and Access Management (IAM) と統合して、セキュアなアクセスを管理することができます。

●フルマネージド型

サーバー、オペレーティングシステム、パッチ管理などのインフラストラクチャの管理をAWSが行います。これにより、データベース管理に関する負荷を軽減し、開発者がアプリケーションに集中できるようになります。

41-02 サーバーレスの構成

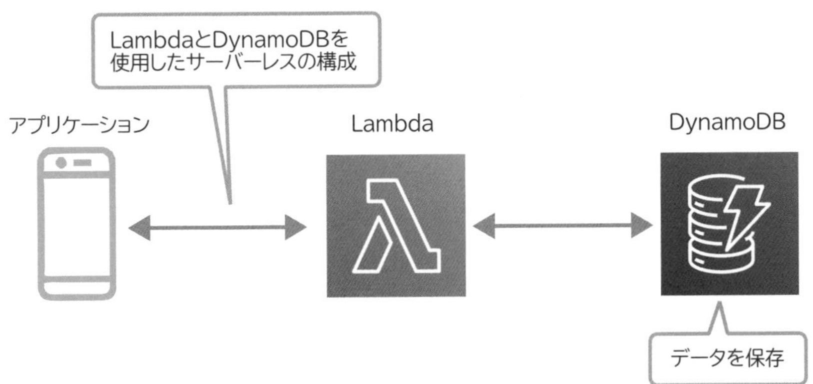

42 Amazon DocumentDB

Amazon DocumentDB(以下、DocumentDB)は、ドキュメント指向データベースを提供するフルマネージドなサービスです。

● DocumentDBの機能

ドキュメント指向データベースではJSONなど、事前にスキーマを決める必要がないのでカタログ、コンテンツデータ、ニュース記事などのデータ保存に向いています。これらのデータをリレーショナルデータベースに保存すると、属性が変わったり、あったりなかったりする情報があることがあり、管理が大変です。ネットの情報をスクレイピングしたときなど、属性情報が変わることが多いデータでは、ドキュメント指向データベースが向いています。

Amazon DocumentDBは、**MongoDB**というソフトウェアとの互換性があるので、既存のMongoDBドライバーが利用できます。**フルマネージド型**のため、自動的かつ継続的にクラウドデータベースがモニタリングされます。Amazon S3に継続的にバックアップが可能で、素早く復元をすることができます。アーキテクチャでは、ストレージとコンピューティングが分かれており、それぞれ個別にスケーリングができます。

図は、Amazon DocumentDBで作成、読み取り、更新、削除 (CRUD) 操作を公開するサーバーレスのマイクロサービスを構築する事例です。PCやスマートフォンなどの端末からAPI通信をするために、Amazon API Gatewayを使用しています。Lambdaからサーバーレスで Amazon DocumentDBのデータを呼び出しています。スケーラブルなモバイルのデータや高速開発で柔軟なデータモデリングを実現したい場合などは、JSONデータでそのまま保存して表示できるので、Amazon DocumentDBが便利です。また、毎秒数百万件のユーザーリクエストをミリ秒単位のレイテンシーで処理するようにスケールの設定をすることもできます。

42-01 Amazon DocumentDBの保存形式

ドキュメント指向データベース

・JSONなどのデータ構造で保存する
・柔軟なデータモデリングに対するときに便利

Key1	Object1
Key2	Object2
Key3	Object3

```
{
 "id#:"×××××",
 "job":"sa",
 "info":{
  "skill":["y×××××ber","×××××ping"],
 }
}
```


42-02 Amazon DocumentDBを使ったサーバーレス構成例

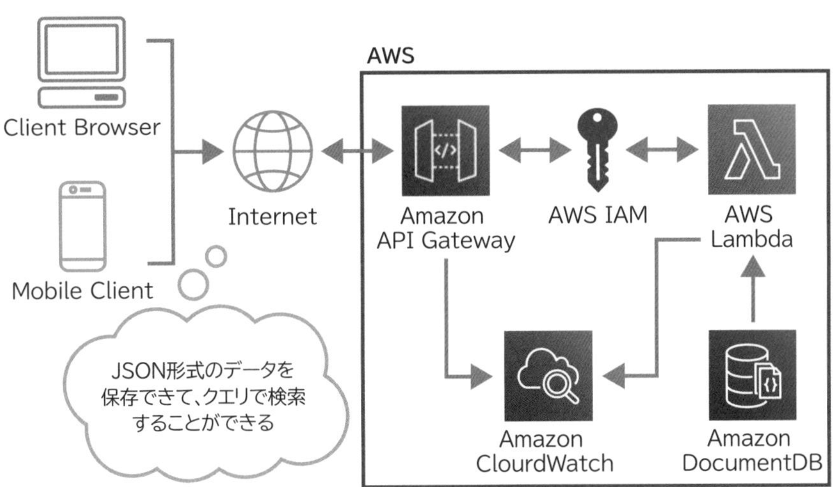

43 Amazon Athena

Amazon Athena (以下、Athena) はサーバーレスのインタラクティブな分析サービスで、標準的なSQLを使ってAmazon S3のデータを直接クエリすることができるサービスです。

● Athenaの機能

サーバーレスのアーキテクチャを採用しています。インフラストラクチャの管理を行う必要がなく、また、クエリの実行時間も自動的にスケールアップ・ダウンされるため、ユーザーはリソースの管理に集中することなくデータにアクセスし、分析することができます。

S3のバケット内に作成されたパーティションを指定して、その中にあるCSVやJSON、圧縮したファイルなどを読み込み、標準SQLで作成したクエリを実行することができます。大規模な結合やWindow関数、配列もサポートしており、大型データセットでも素早い分析ができます。また、動作も高速で、大規模なデータであっても数秒で結果を出すことができます。

サーバーレスで使用できるため、運用コストはありません。料金はクエリを実行したぶんだけかかります。スキャンされたデータ1TBあたり5 USDが料金として発生します。

Athenaのクエリでは、SageMakerの機械学習モデルが使用できます。また、異常検知や売上予想などの複雑なタスクも処理することができます。

● 主な機能

●データのクエリ機能

Athenaは、SQLを使用してS3に保存されたCSVやJSON、Parquet、ORCなどの形式のデ　タに**クエリ**を実行することができます。また、AWS Glueのデータカタログと統合されているので、データカタログに登録されたデータに対してもクエリを実行することができます。

●データの可視化機能

Athenaは、Amazon QuickSightなどのビジュアライゼーションツールと統合されており、データを視覚化することができます。

●セキュリティ機能

Athenaは、AWSのセキュリティ機能と統合されており、IAMを使用してアクセス制御ができます。また、データの暗号化、監査ログの生成などのセキュリティ機能も提供しています。

●サーバーレスのアーキテクチャ

Athenaは、サーバーレスのアーキテクチャを採用しているため、インフラストラクチャの管理が不要であり、クエリの実行時間も自動的にスケールアップ・ダウンされるため、リソースの管理に集中することなくデータにアクセスし、分析することができます。

●従量制課金制

Athenaは、従量制課金制を採用しているため、使用したぶんだけ課金されます。また、スケーリングやパフォーマンスの調整などのコストもかかりません。これにより、低コストでデータ分析を行うことができます。

43-01 Athenaで分析

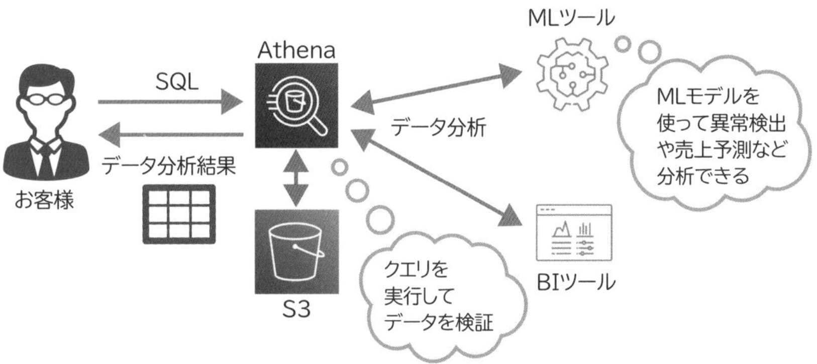

44 Amazon Redshift

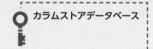

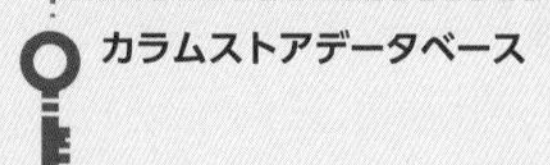

Amazon Redshift (以下、Redshift) はデータの分析に使用するデータウェアハウスサービスです。ウェアハウスは倉庫という意味で、大量のデータを格納しておく用途で使用されるため、データウェアハウスと呼ばれます。

● Redshiftの機能

S3やRDSなどの他の場所にある大量のデータをRedshiftに取り込み、データエンジニアやデータサイエンティストと呼ばれるデータ分析を行う担当者が、SQLやビジネスインテリジェンス (BI) ツールを使用してデータにアクセスします。

Redshiftや多くの分析用データベースは、列指向ストレージという構造になっています。

オンデマンドの課金モデルやリザーブドインスタンスモデルなどの複数の課金モデルがあります。また、AWS Marketplaceでサードパーティのツールやサービスを利用することも可能です。Redshiftは、大量のデータを処理する必要のある企業やビジネスにとって、非常に有用なサービスです。

● 主な機能

●カラムストアデータベース

カラムストアデータベースと呼ばれる方式でデータを保存します。これは、列単位でデータを格納することで、クエリの処理速度を高速化することができます。

●スケーラビリティ

必要に応じてストレージ容量やコンピューティングリソースをスケーリングできます。また、AWSのAuto Scalingを使用することで、自動的にスケールアップやダウンが行えます。

●セキュリティ

AWSが提供するセキュリティ機能を利用することができます。これには、VPC統合、暗号化、IAMロール、ネットワークアクセス制御、監査ログなどが含まれます。

●ユーザー管理

IAMロールを使用することで、ユーザー管理を簡単に行えます。これにより、必要な権限を持ったユーザーだけがRedshiftにアクセスできるようにすることができます。

●バックアップと復元

自動的にバックアップを作成し、必要に応じて復元することができます。また、スナップショットを手動で作成することもできます。

●モニタリング

クラスターのパフォーマンスを監視するためのツールを提供しています。これにより、問題を早期に発見し、対処することができます。

44-01 Amazon Redshiftの構成

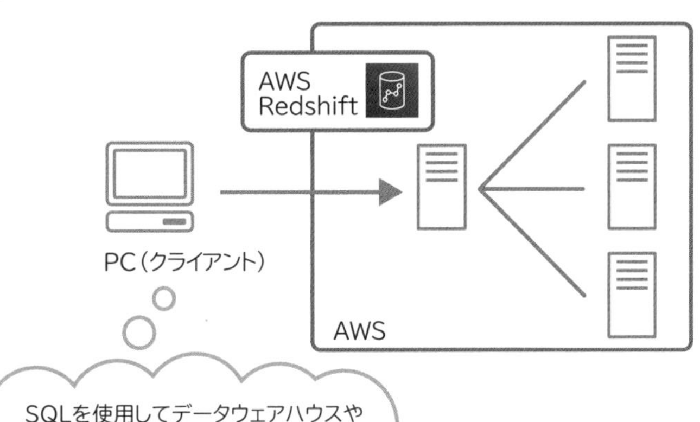
AWS
Redshift
PC（クライアント）
AWS
SQLを使用してデータウェアハウスや運用データベースなどのデータを分析し、高速な読み出しを行える形でデータを格納する

05 データベースサービス

45 Amazon ElastiCache

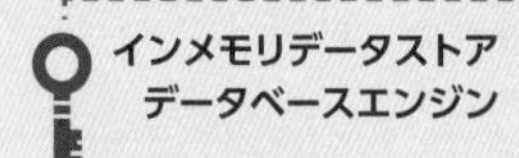

Amazon ElastiCache (以下、ElastiCache) は、インメモリデータストアを提供するサービスです。

● ElastiCacheの機能

インメモリデータストアとは、RAMにデータを格納するデータベースのことで、SSDやHDDなどからの読み込みよりも高速に読み込むことができます。

データベースエンジンはNoSQLの分散Key-Value-Storeサービス (以下、KVS) で、キャッシュやデータストアとして使用できます。用途としては、Webサービスのセッションを保存する場所として使ったりします。代表的なKVSはMemcashedとRedisがあり、それらを選択します。キャッシュを持つサービスはTTLの設定に注意が必要です。ElastiCacheの場合は、TTLが長すぎるとメモリがあふれることがあります。そのため、一定時間でデータが消えるように設定しておきます。

● 主な機能

●インメモリーキャッシュ

ElastiCacheは、RedisまたはMemcachedを使用して、高速なインメモリーキャッシュを提供します。これにより、アプリケーションのレイテンシーを低減し、パフォーマンスを向上させることができます。

●自動スケーリング

ElastiCacheは、自動スケーリングをサポートしています。これにより、負荷が増加すると自動的にキャッシュノードを追加し、負荷が減少すると自動的にキャッシュノードを削減することができます。

●複数のエンジンのサポート

ElastiCacheは、RedisおよびMemcachedの両方のエンジンをサポートしています。これにより、アプリケーションに最適なエンジンを選択することができます。

●マネージドサービス

ElastiCacheは、マネージドサービスであるため、デプロイや設定、モニタリング、バックアップなどのタスクを自動化することができます。

●冗長性と高可用性

ElastiCacheは、冗長性を提供することができます。これにより、システムの可用性を向上させ、障害発生時にもデータの損失を防ぐことができます。

●AWSの他のサービスとの統合

ElastiCacheは、AWSの他のサービスと統合することができます。例えば、ElastiCacheは、Amazon RDSやAmazon EC2と統合することができます。

●セキュリティ

ElastiCacheは、セキュリティグループおよび暗号化をサポートしています。これにより、データの安全性を確保することができます。

45-01 ElastiCacheは高速処理が得意

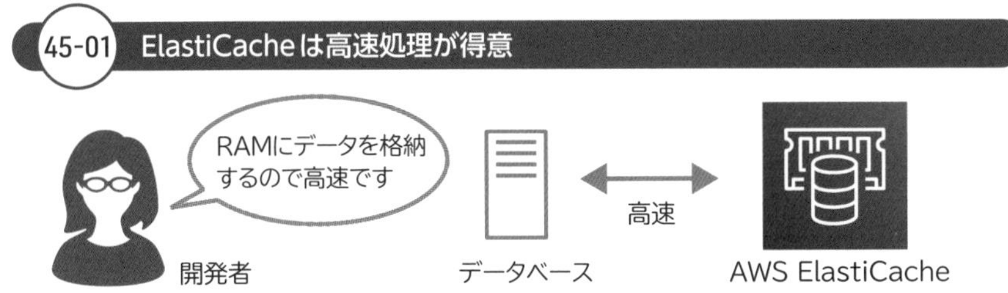

45-02 アクセスが増えた場合にも対応可能

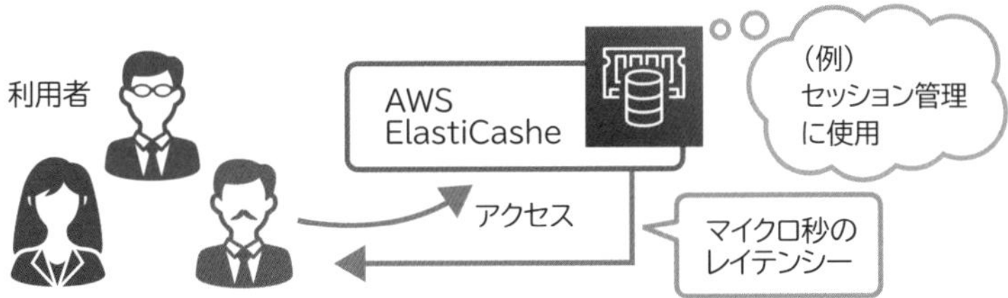

Point Amazon Athenaのユースケースの例

ユースケースの例として、データレイクとしてS3に投入された大量のCSVファイルから、一定の値を持つデータのみを取り出したり、データ分析における前処理をしたりすることが考えられます。Athenaで作成したデータをBIツールであるQuickSightを使用して可視化したり、Amazon SageMakerで機械学習モデルの学習データにしたりするなど、使用する用途は様々です。また、クエリで抽出されたデータはCSVでエクスポートすることも可能です。

06

ネットワークと配信サービス

ネットワークの基礎やネットワーク環境のカスタマイズと制御、低レイテンシーによる配信などについて説明します。特に、Amazon VPC、Amazon Route 53、Amazon CloudFrontについて説明します。

46 ネットワーク基礎とネットワーク用語

IPアドレス
DNS
NAT
ゲートウェイ

インターネットとは世界をつなぐ通信網のことです。世界中のサーバーはネットワーク機器を使用してインターネットと接続しています。そのため、インターネットと接続された家庭内LANや企業内LANはクラウドに接続できます。

● IPの役割

インターネット上で通信をするためには、IPアドレス（例：192.x.x.x）を割り当てる必要があります。**IPアドレス**は住所のようなもので、通信を行うにはIPを指定する必要があります。

● IPの機能

IPアドレスには内部のネットワークで使用するPrivate IPアドレスと外部ネットのワークで使用するPublic IPアドレスがあります。AWSのEC2を例にすると、EC2を立ち上げたときにPublic IPアドレスを割り当てるか、あるいはPrivate IPを割り当てるかを選ぶことができます。デフォルトでは動的にIPアドレスが割り当てられるので、EC2を1回停止にするとIPアドレスが変わります。IPアドレスを固定する場合はElastic IPアドレスを使用し、EC2に割り当てることで固定のIPアドレスを使用できます。

● DNS（Domain Name System）

DNSはIPアドレスとドメインを紐づけるサーバーのことです。

ネットワーク上ではIPアドレスを使用して通信しますが、数字の羅列であるIPアドレスは人間からすると覚えづらいので、ブラウザなどからのアクセスはドメインを含むURLで行われます。DNSはドメインをIPアドレスに変換する機能を提供します。

46-01 IPアドレスは住所のようなもの

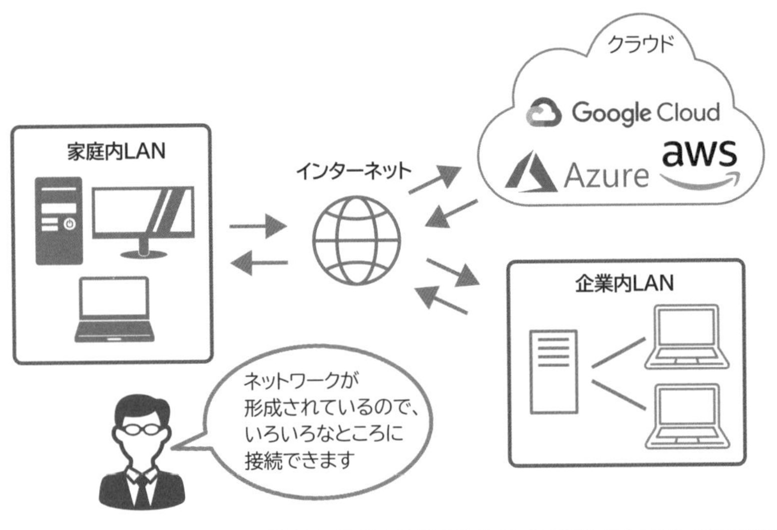

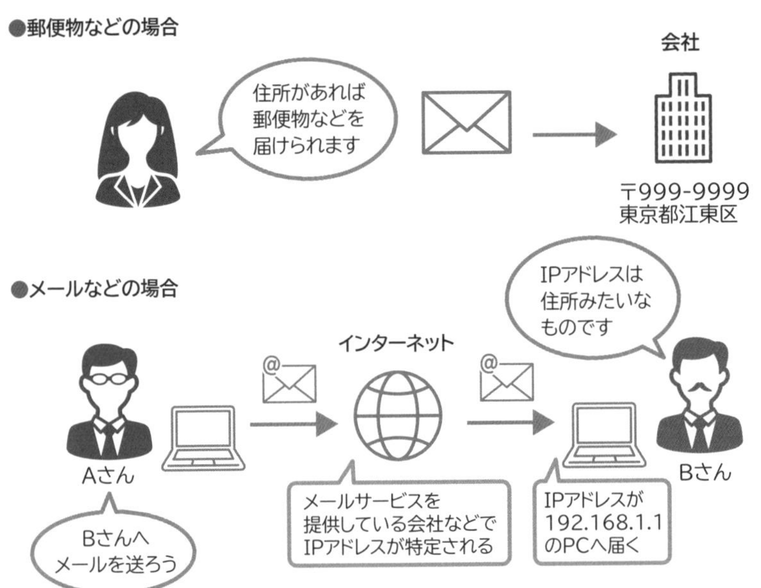

06 ネットワークと配信サービス

● NAT (Network Address Translation)

NATはプライベートIPアドレスをグローバルIPアドレスに変換する技術です。

AWSを使用したシステム開発では、システム内部ではプライベートIPアドレスを使用して接続する場合があります。しかし、顧客が使用できるようにインターネットに公開する段階でプライベートIPアドレスをグローバルIPアドレスに変換する必要があります。そこで、NATを使用してIPアドレスを変換することで、インターネットからのアクセスが可能になります。

● ゲートウェイ

ゲートウェイとは、ネットワークにおいて通信プロトコルが異なるネットワーク同士の通信を可能にする仕組みのことです。データをやり取りするときに、中継する役割を担うルータのような機能を備えた機器やそれに関するソフトウェアを意味します。

46-02 NAT=IPアドレスを別のIPアドレスに変換する技術

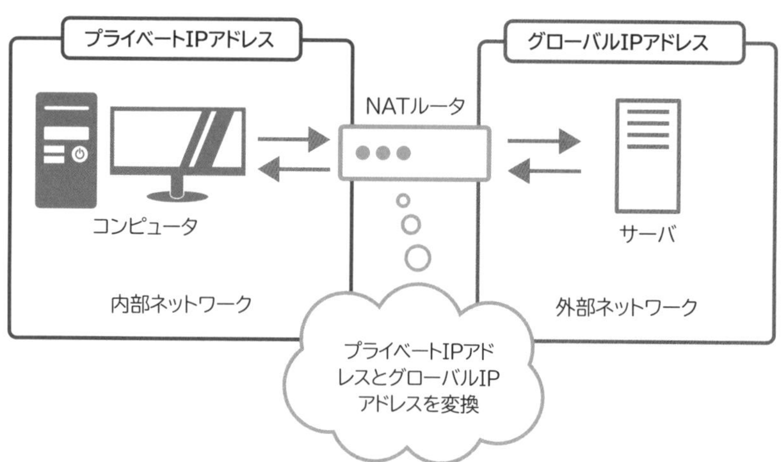

46-03 DNS

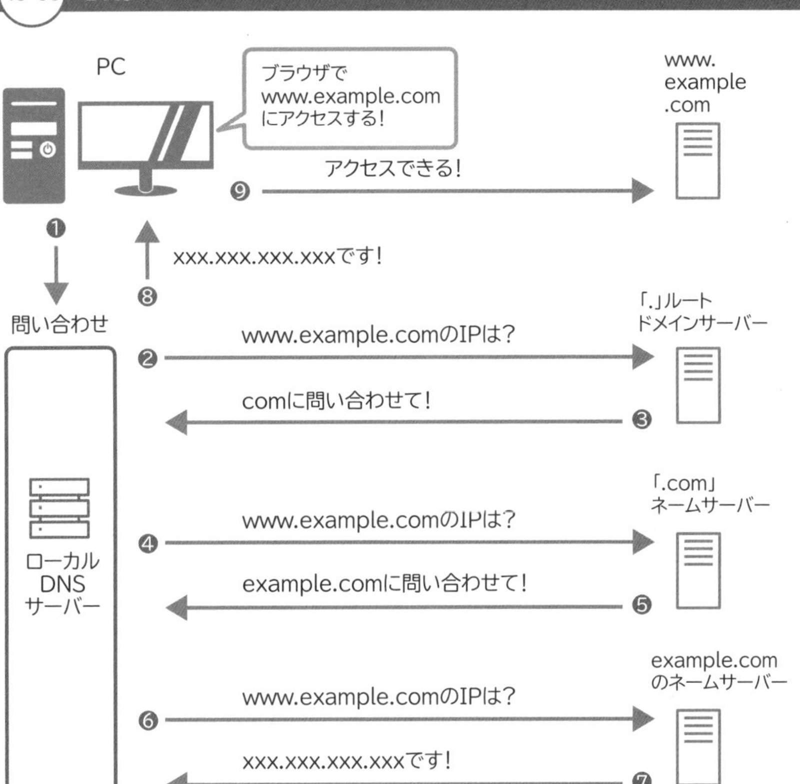

PC
ブラウザで
www.example.com
にアクセスする!
www.
example
.com
アクセスできる!
❾
❶
問い合わせ
❽
xxx.xxx.xxx.xxxです!
「.」ルート
ドメインサーバー
❷
www.example.comのIPは?
comに問い合わせて!
❸
ローカル
DNS
サーバー
「.com」
ネームサーバー
❹
www.example.comのIPは?
example.comに問い合わせて!
❺
example.com
のネームサーバー
❻
www.example.comのIPは?
xxx.xxx.xxx.xxxです!
❼

46-04 ゲートウェイの役割

異なる規格を
変換

aws

PC設備など　ゲートウェイ　インターネット

47 Amazon VPC

仮想ネットワーク
インターネットゲートウェイ
VPN接続
VPCピアリング

Amazon VPC(以下、VPC)はAWS上に作成できるプライベートな仮想ネットワークです。

VPCの機能

VPCで作成したネットワークにEC2などのAWSリソースを配置して利用します。1つのVPCネットワークをまとまりとしています。複数のVPC間の接続も可能です。インターネットに公開するパブリックなVPCや、プライベートなVPCなどが構築できます。VPCで使用できるサービスは数多くあります。作成したVPC全体にネットワークセキュリティを実装できるAWS Network FIrewall、VPC内部のインスタンスを外部と接続することができるAWS NAT Gateway、オンプレミスサーバーとプライベート接続を確立するAWS Private Link、Amazon VPCやオンプレミスネットワークを単一のゲートウェイに接続できるAWS Transit Gatewayなどがあります。

●仮想ネットワークの作成

カスタム仮想ネットワークを作成することができ、AWSリソースにプライベートIPアドレスを割り当て、AWS内で仮想的なネットワークを構築することができます。

●サブネットの作成

AWSリソースにプライベートIPアドレスを割り当て、AWS内で仮想的なサブネットを構築することができます。

●ネットワークセキュリティグループ

AWSリソースに対するネットワークトラフィックの制御を行うことができます。

●インターネットゲートウェイ

AWS内のリソースにインターネットからのアクセスを可能にすることができます。

● **ルートテーブル**

トラフィックをどの方向にルーティングするかを定義することができます。

● **VPN接続とVPCピアリング**

オンプレミスのネットワークとAWSのVPCを安全に接続することができます。
複数のVPCを接続して、仮想的なプライベートネットワークを構築できます。

47-01 VPC

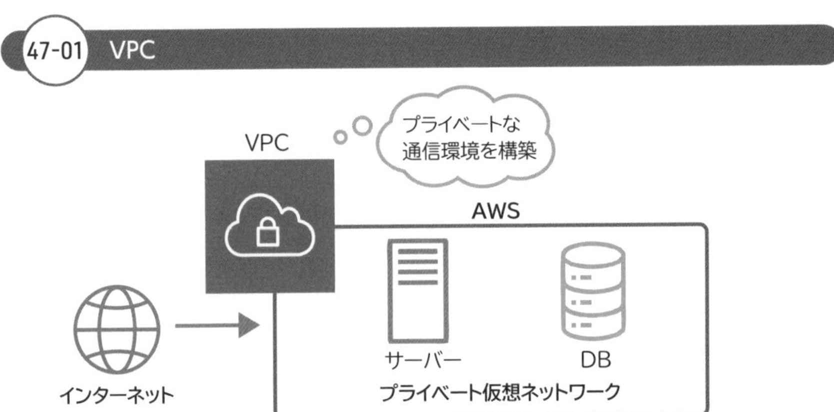

47-02 VPC内にプライベートサブネットとパブリックサブネットを作成した例

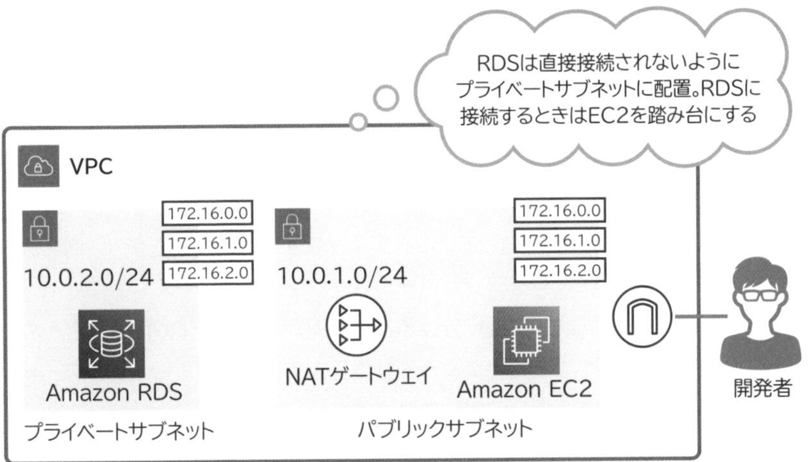

48 Amazon Route 53

Amazon Route 53 (以下、Route 53) は、AWSの提供するDNSサービスです。ドメインの登録やDNSとしてのルーティングを行います。

Route 53の機能

Route 53は、フルマネージドで提供されているため、オンプレミスで構築されるDNSサービスのようなサーバー自体の運用や作業は不要になります。"sample.co.jp"のようなドメインを登録して管理することができます。また、他のサービスで管理しているドメインでもRoute 53に移管することができます。登録したルールに基づきRoute 53からルーティングを行います。

トラフィック量でルーティングを振り分けたり、位置情報で振り分けたりする機能などが充実しています。グローバルのサービスとなるため、すべての**リージョン**での利用ができます。

●シンプルルーティングポリシー

基本的なルーティングは、この設定です。

●フェイルオーバールーティングポリシー

プライマリレコードとセカンダリレコードでトラフィックのルーティングを振り分けることができます。

●位置情報ルーティングポリシー

ユーザーの物理的な場所に対して、ルーティングすることができます。例えば、シンガポールからのリクエストをシンガポールリージョンのリソース (Amazon S3やALBロードバランサーなど) に振り分けることが可能です。具体的には、IPアドレスを位置情報にマッピングすることによって動作します。特にグローバルでワールドワイドなビジネスを展開する場合に適しています。

●レイテンシーに基づくルーティングポリシー

複数のリージョンでビジネスを展開している場合に、ネットワークレイテンシーが最も低いAWSリソース（リージョン）にルーティングすることによって、より低いレイテンシーでサービスを提供することが可能です。

●加重ルーティングポリシー

単一のドメイン名、例えば"○○.jp"または単一サブドメイン"www.○○.jp"に対して複数のリソースを設定することができます。負荷分散以外の用途としては、ソフトウェアのバージョン別に振り分けテストをしたり、ABテストをしたりするときに利用されています。例えば、重み付けの設定として、Aというルーティングは"1"、Bというルーティングは"2"などのように振り分けすることができます。

48-01 Route 53の図

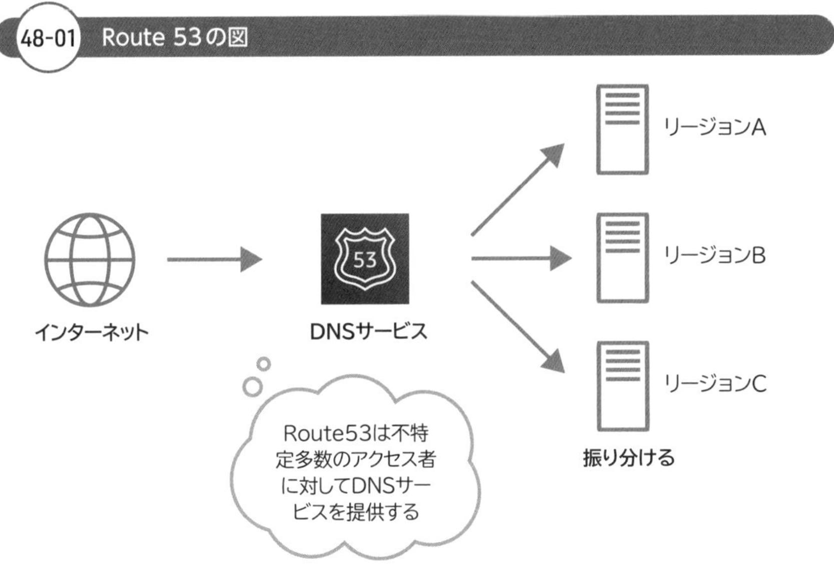

49 Amazon CloudFront

Amazon CloudFront (以下、CloudFront) は、AWSで動画やアプリケーションの他、静的あるいは動的なコンテンツを簡単に安全に配信するCDN (Contents Delivery Network) を導入できるサービスです。

CloudFrontの機能

CDNとは、インターネットでコンテンツを高速で配信するために、地理的に分散させたサーバーで効率よく配信することを目的としています。エンドユーザーに最も近いサーバーからコンテンツが提供されます。このため、エンドユーザーは通信の遅延時間が低いため、快適にアクセスすることができます。

CloudFrontは世界中100を超える場所にCSNのサーバーを設置することができます。また暗号化やアクセスコントロールなどのセキュリティ設定も可能で、Cloud Watchとの連携によりリアルタイムでの監視も可能です。

料金は**エッジ***からのリクエストによるトラフィックに応じて算出されます。また、1年間の長期利用を前提とすることで割引料金による使用が可能です。

●コンテンツ配信

世界中のエッジロケーションにキャッシュされた**コンテンツ**を迅速に配信することができます。これにより、ユーザーは高速かつ安定したWebアプリケーションや動画を楽しむことができます。

●高度なセキュリティ

HTTPSをサポートしているため、暗号化されたコンテンツの配信が可能です。また、AWS WAFを使用することで、Webアプリケーションファイアウォール (WAF) を簡単に設定できます。

* **エッジ**：edgeといい、ネットワークの端末のこと。

●カスタムドメインの使用

カスタムドメインを使用して、自社のブランドに合わせたURLを作成することができます。これにより、ユーザーは自社のドメインでコンテンツにアクセスできるため、ブランドの統一性を維持することができます。

●アクセスログの記録

ユーザーのアクセス履歴を記録し、アプリケーションのトラブルシューティングや分析に役立てることができます。

49-01 CloudFrontを使った静的Webサイト

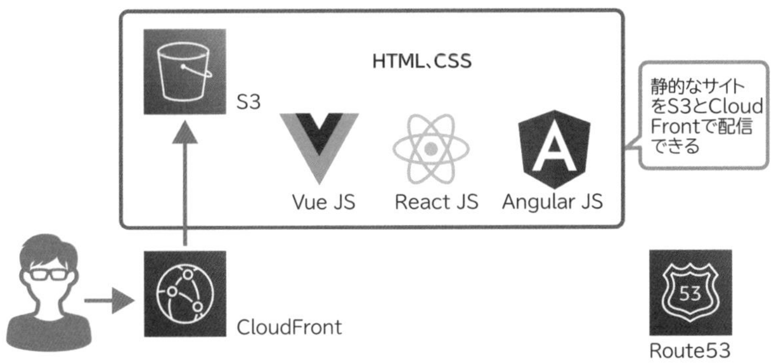

49-02 動画コンテンツ配信

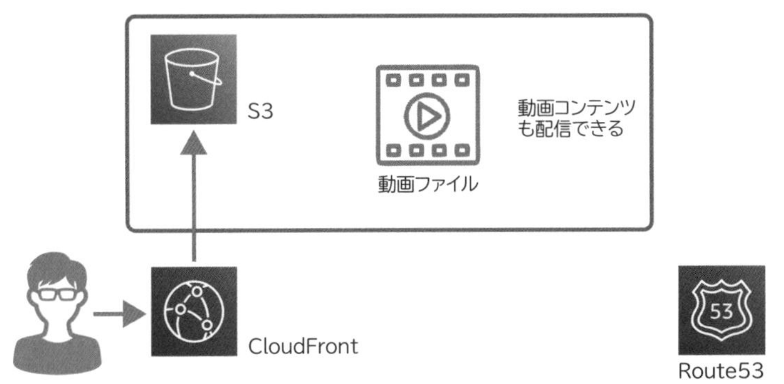

MEMO

07

セキュリティ、アイデンティティ、コンプライアンス

AWSサービスを安全に利用するためのセキュリティサービスについて説明します。セキュリティリスクに対する防止、検出、対応、修復などの観点で安全を実現するサービスを説明します。

特に、AWS Shield、AWS Network Firewall、AWS WAF、Amazon Inspector、AWS Firewall Manager、AWS Certificate Manager、AWS IAM Identity Center、AWS Cognito、AWS Security Hub、AWS Secrets Manager、AWS STS、AWS Organizationsについて説明します。

50 セキュリティグループとACL

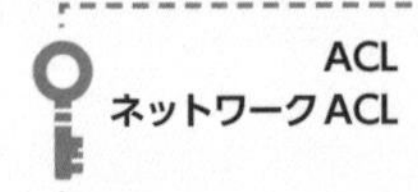

セキュリティグループは仮想のファイアウォールです。セキュリティグループに関連付けられたリソースへ出入りするトラフィックの制御を行います。セキュリティグループやネットワークACLは、セキュリティ強化に役立つ機能ですが、不適切に設定するとセキュリティに穴を開けることになります。したがって、設定するにあたって、内容や範囲には十分な検討が必要です。常に適切な通信制御が行えるように設定を考えましょう。

● セキュリティーグループ

● サーバーのアクセス制限

インスタンスごとに指定IPアドレスから許可の設定やアクセス制限ができます。

● パブリックサブネットとプライベートサブネット

インターネットから直接アクセスしたいものはパブリックサブネットに入れ、インターネットから直接アクセスしたくないものはプライベートサブネットに入れます。

● ACL (Access Control List)

ACL (Access Control List) も一般的に使われる用語になります。通信アクセスを制御するためのリストのことです。一般的に省略してACLと呼ばれています。

ネットワーク管理者は通信要件に沿ってACLを定義して、ルータを通過するパケットに対して通過を許可するパケット、通過を拒否するパケットを決めます。

Point セキュリティーグループを設定するメリット

オンプレミスではiptablesコマンドなど使って制限していましたが、過去に筆者は設定を間違えて何回かサーバーを壊した経験があります。**セキュリティーグループ**ではそのような問題もなくなりました。インフラのエンジニアだけでなく、アプリケーションのエンジニアでもインフラを構築しやすい時代になってきています。

● ネットワークACL (Access Control List)

ネットワークACLは、ネットワークアクセスコントロールリストと呼ばれ、AWSの中でセキュリティ面を強化するために使います。設定されたルールに従うファイアウォールになります。

AWS VPC内で、「ネットワーク通信を拒否」することで、ネットワーク通信を制御します。AWSではネットワークACLと同じようなファイアウォールとして、セキュリティグループという仕組みがあります。ネットワークACLとセキュリティグループの違いは、設定できるレベルやルールの設定方法などが異なっているので、しっかりと理解しておくことが大切です。

ネットワークACLは、サブネットに対して設定することから、その設定されたサブネット内のAWS EC2インスタンスすべてに影響します。一方でセキュリティグループはAWS EC2インスタンスを起動するときに設定するため、今回立ち上げたいEC2インスタンスをどのようなルールにしたいかを検討する必要があります。

●ネットワークACLとセキュリティグループの比較

	ネットワークACL	セキュリティグループ
設定対象	サブネット単位	インスタンス単位
設定ルール	許可ルールと拒否ルール	許可ルールのみ
設定方向	入／出	入／出
ステートフル／ステートレス	ステートレス	ステートフル
評価額	順番に評価される	すべて評価される

50-01 セキュリティグループ

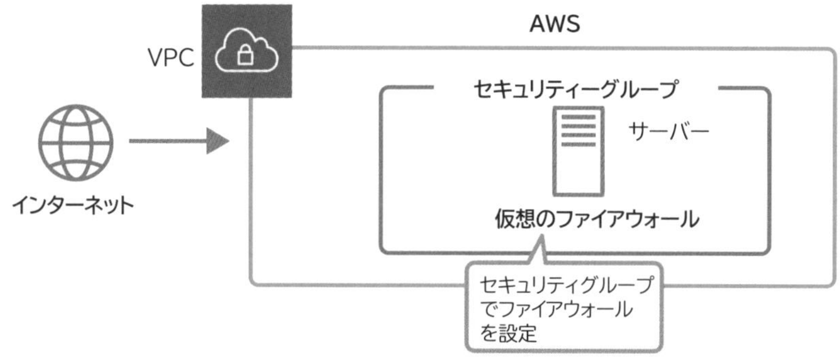

51 AWS Shieldで DDoS保護

AWS Shieldは単純かつ効果の高いDDos攻撃を防ぐサービスで、インターネットに面するサービスのすべてで自動的に有効にされています。

DDoS攻撃とは

AWSのサービスによっては処理したリクエストの量によって利用料が増え、リクエストの増加や負荷の上昇に反応したAuto Scalingによってリソースが増えることでも利用料が増えるので、**DDos攻撃**を受けることで利用料が急増してしまうことがあります。このようにして利用料を増加させ、利用者に経済的損失を与えることを目的とした攻撃のことを**EDos** (Economic Dos) **攻撃**とも呼んでます。

AWS Shield (Standard)

スタンダードは一般的なDDos攻撃をリアルタイムで検知して、自動的に遮断します。

AWS Shield (Advanced)

スタンダードより高度なDDos攻撃に対応したい場合にAdvancedを有効化することで、AWSのDDos対策専門チームのサポートを受けることができ、対策も任せてしまうことができます。しかしながら、利用料はStandardよりも高額となります。

主な機能

●DDoS攻撃検出と防止

AWS Shieldは、DDoS攻撃を検出して攻撃トラフィックを自動的にブロックすることができます。

AWS Shield Advancedでは、攻撃検知と防止のためにAWS WAF (Web Application Firewall) やAWS Firewall Managerなどの、他のAWSサービスと統合することができます。

●グローバルネットワークの利用

グローバルに展開されたAWSネットワークにアクセスして、攻撃トラフィックをブロックします。これにより、AWS上でホストされるアプリケーションに対する攻撃に対処するために、ネットワークのインフラストラクチャを構築する必要がありません。

●AWS Shield Advancedにおけるリアルタイムの攻撃分析

AWS Shield Advancedでは、攻撃のトラフィックがリアルタイムで分析され、攻撃パターンの特定や攻撃の検知が行われます。これにより、攻撃に対処するための迅速な対応が可能になります。

●カスタマイズ可能なアラート

AWS Shield Advancedでは、攻撃が発生した場合に、アラートをカスタマイズすることができます。アラートは、SMS、メール、またはAWSの他の通知サービスを介して受信できます。

51-01 AWS ShieldでDDos対策

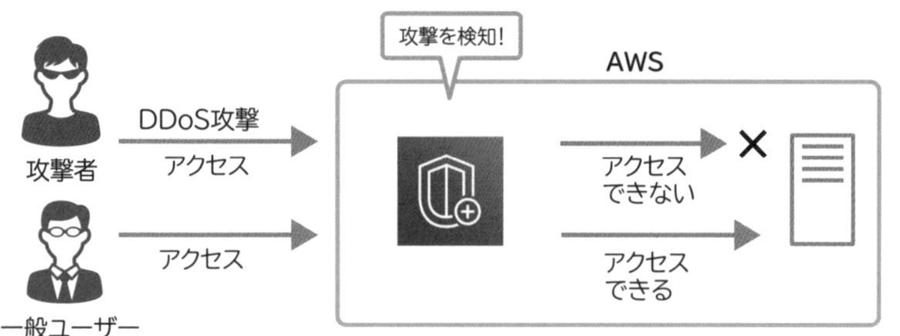

52 AWS Network Firewall

次世代ファイアウォール
リアルタイムログ
AWS管理コンソール

AWS Network Firewallは作成したVPCをネットワーク保護するサービスです。

AWS Network Firewallは、Internet GatewayやDirect ConnectとVPCの間に設定することができます。一般的なファイアウォールと同様に、VPCに出入りするIPアドレスやポート番号による通信の許可/拒否や、ドメイン指定やSuricataというオープンソースのIPS（侵入防止システム）互換のルール形式にも対応するなど、柔軟な通信制御を実現できます。また、設定されたルールをステートレス/ステートフルのどちらで操作させるかということや、通信の許可/拒否以外に「通信は許可するがアラートを発報させる」といった設定もできるため、様々な要件に対応できるようになってます。

さらに、通信量に応じて自動でスケールするので、可用性が高くなっています。料金は使用されているファイアウォールの数とトラフィックの量に応じてスケールします。

● 主な機能

●次世代ファイアウォールの機能

AWS Network Firewallは、パケットの深層パケットインスペクション（DPI）やIPアドレス、ポート番号、およびプロトコルのフィルタリングにより、脅威からネットワークを保護します。

●AWSサービスとの連携

AWS Network Firewallは、AWSサービスと統合されており、AWSの他のサービスと連携してネットワークトラフィックをフィルタリングすることができます。

●カスタマイズ可能なルールセット

自社のネットワーク要件に応じて、カスタマイズ可能なルールセットを使用してトラフィックをフィルタリングすることができます。

このルールセットは、AWS WAF (Web Application Firewall)と同様のシンタックスを使用して、アプリケーション層でのトラフィックのフィルタリングもサポートしています。

●リアルタイムログおよび監視

リアルタイムのログ情報を提供し、ネットワーク上でのトラフィックの監視をサポートしています。これにより、不正なトラフィックを早期に検知し、適切なアクションを実行することができます。

●AWS管理コンソールからの簡単な管理

AWSの一般的な管理コンソールから設定、および管理することができます。また、AWS CLIやAWS SDKを使用して自動化されたデプロイメントを実行することもできます。

52-01 AWS Network Firewallの事例

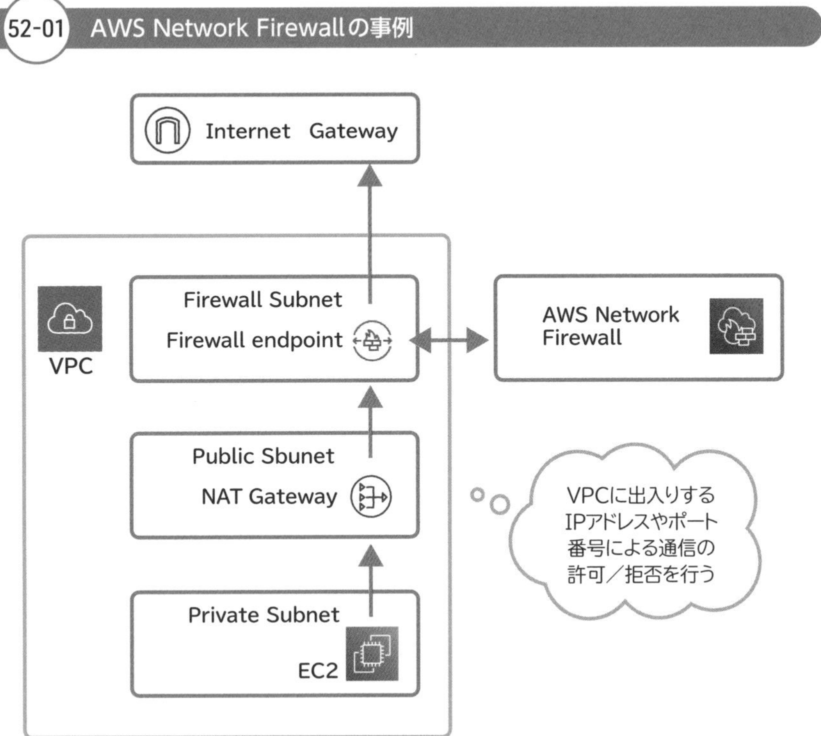

53 AWS WAF

Amazon Web Application Firewall (以下、WAF) はアプリケーションレベルでのセキュリティ対策を設定が可能です。

WAFの機能

WAFはIPアドレス、HTTPヘッダーと本文などを設定した条件でトラフィックをスキャンして任意の処理をすることができます。「特定のIPアドレスから5分間の間に200回以上のアクセスがきた場合に通信を弾く」などの設定も可能です。そうすることで脆弱性を突こうとする攻撃からWebアプリケーションを保護することができます。WAFではSQLインジェクション*やクロスサイトスクリプト*といった一般的なウェブの弱点への攻撃をブロックするルールを簡単に設定することができます。また、作成したルールは複数のWebサイトに適用することが可能です。料金はWeb ACLとWeb ACLごとに作成するルール、リクエスト数などから算出されます。

また、WAFには**Bot Control**という機能があります。これはスクレイピングやサイトのパフォーマンスの監視といった適切ではないボットからのアクセスをブロックし、インフラへの過剰な負荷を下げることができるものです。

WAFはリアルタイムでIPアドレス、地理位置やURI*などのリクエストを取り込む（キャプチャ）ことができます。Cloud Watchと連携することで設定された閾値を超えたときにアラートを送信することもできます。

主な機能

●カスタマイズ可能なルールセット

カスタマイズ可能なルールを使用して、Webアプリケーションにアクセスするトラフィックを監視し、悪意のあるトラフィックをブロックすることができます。

● AWSサービスとの連携

AWS WAFは、AWSの他のサービスと統合されており、Amazon CloudFrontやAWS Application Load Balancer、またはAmazon API Gatewayと統合することができます。これにより、AWS WAFは、Webアプリケーションにアクセスするトラフィックを、AWSの他のサービスでフィルタリングすることができます。

● リアルタイムのログおよび監視

リアルタイムにログ情報を提供し、Webアプリケーション上でのトラフィックの監視をサポートしています。これにより、不正なトラフィックを早期に検知し、適切なアクションを実行することができます。

● AWS管理コンソールからの簡単な管理

AWSの一般的な管理コンソールから設定、および管理することができます。また、AWS CLIやAWS SDKを使用して自動化されたデプロイメントを実行することもできます。

● AWS Marketplaceからの外部ルールの導入

AWS Marketplaceから外部ベンダーが提供するカスタムルールをAWS WAFにインストールすることができます。これにより、AWS WAFは、より高度な保護を提供することができます。

53-01 AWS WAF

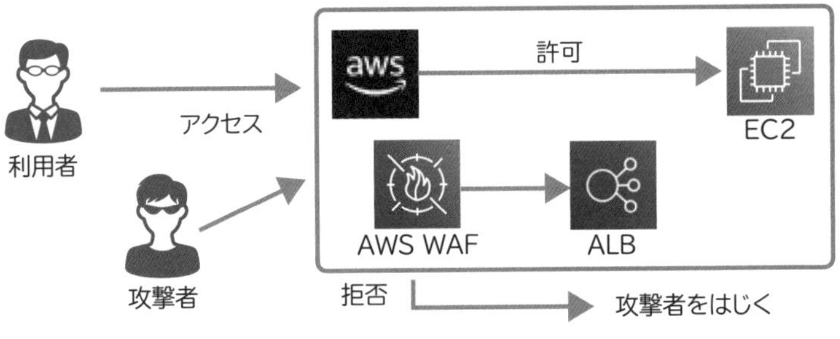

利用者
アクセス
攻撃者
aws
許可
EC2
AWS WAF
ALB
拒否
攻撃者をはじく

＊**SQLインジェクション**：SQLコマンドを使ってデータベースに不正アクセスを行い、情報の搾取や改ざん、削除する攻撃のこと。

＊**クロスサイトスクリプト**：Webサイトの脆弱性を利用してHTMLにスクリプトを埋め込み、他のサイトに誘導する攻撃のこと。

＊**URI**：Uniform Resource Identifierの略で、Web上のすべてのファイルを認識する識別子のこと。

54 Amazon Inspector

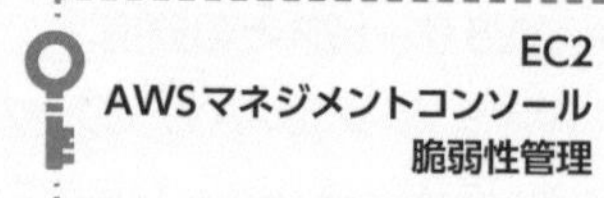

Amazon Inspector(以下、Inspector)はEC2インスタンスにおいてソフトウェアの脆弱性やネットワークのエクスポージャ(外部のソフトウェアプログラムから操作できる仕組み)を自動で脆弱性管理を行うためのサービスです。

Inspectorの機能

Amazon Inspectorは、**EC2**のセキュリティの診断ができます。ホストおよびアプリケーションのセキュリティの問題を自動的に検出し、報告することができます。脆弱性評価の自動化、セキュリティの問題の特定、評価結果の詳細な説明を提供し、セキュリティ対策の優先順位を付けることもできます。また、APIまたは**AWSマネジメントコンソール**を介して簡単に設定でき、脆弱性のスキャン結果は、Amazon S3に保存されるため、いつでもアクセスすることができます。EC2は利用者がインスタンスの脆弱性管理を行う必要がある、数少ないサービスとなってます。そのぶん、EC2は利用者にとって構成の自由度が高い環境となっているため、複雑な仕組みのシステムの構築に用いられる傾向にありますが、数が多くなるほどインスタンスの**脆弱性管理**を行うのが大変になります。

Inspectorにはあらかじめ評価のためのルールが用意されているので、指定されたスケジュールに沿って利用者が選択した内容についての評価を自動的に行います。

主な機能

●自動セキュリティ評価

AWSリソースの自動セキュリティ評価を実行し、セキュリティ上の問題を検出します。EC2インスタンス、オンプレミスサーバー、およびアプリケーションに対して利用できます。

●評価テンプレート

Amazon Inspectorは、AWSリソースの評価テンプレートを提供しており、これらのテンプレートは、一般的なセキュリティ上の問題を検出するために使用されます。評価テンプレートは、カスタマイズ可能で、お客様固有の要件に合わせて変更することができます。

●ネットワーク検査

AWSリソースのネットワーク構成を評価し、不正な接続を検出することができます。

●カスタムルール

ユーザーが作成したカスタムルールを使用して、AWSリソースを評価することができます。これにより、特定のセキュリティ上の問題に対してカスタムルールを定義し、AWSリソースを評価することができます。

●統合

AWS CloudTrailやAWS Config、Amazon CloudWatch、AWS Identity and Access Management (IAM) などのAWSサービスと統合しているため、AWSリソースの状態に関する追加の情報を収集して、セキュリティ上の問題を検出することができます。

54-01 Amazon Inspector

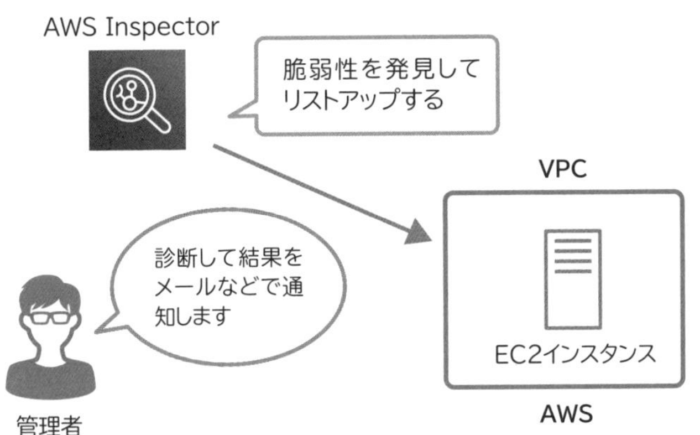
AWS Inspector
脆弱性を発見して
リストアップする
VPC
診断して結果を
メールなどで通
知します
EC2インスタンス
管理者
AWS

07 セキュリティ、アイデンティティ、コンプライアンス

55 AWS Firewall Manager

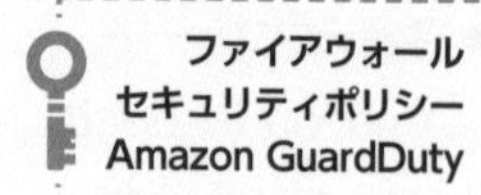

AWS Firewall Managerは、AWS Organizationsにあるアカウントとアプリケーションのファイアウォールのルールを一元的に設定・管理するセキュリティ管理サービスになります。

アカウント全体のファイアウォールのルール簡素化を実現

AWS Firewall Managerでの**ファイアウォール**のルール簡素化は、AWS Organizationsと統合されており、ポリシーを構築することによりインフラ全体のポリシーを一元的に適用することができます。

・AWS WAF (v1/v2)
・Security Group
・AWS Shield Advanced
・AWS Network Firewall
・Amazon Route 53 Resolvers DNS Firewall

コンプライアンスの確保が可能

新規に作成された、もしくは既存のリソース全体にユーザーの定義する**セキュリティポリシー**を自動適用し、複数のアカウント間で作られた新しいリソースを検出することでコンプライアンスを確保できます。

簡単にアカウント全体に管理されたルールが適用可能

AWS Firewall ManagerはAWS WAFマネージドルールと統合されているため、あらかじめ設定されたWAFルールを使用しているアプリに対して容易にデプロイすることができます。

● インターネットの攻撃に対して迅速な対応が可能となる

セキュリティチームに脅威が通知され、攻撃への対処・軽減ができます。

また、**Amazon GuardDuty***がIPアドレスからのアプリのアクセスを検出した場合、IPアドレスに対するブロックを適用するファイヤーウォール保護ポリシーをデプロイすることができます。

55-01 複数のサービスのセキュリティを一元管理する例

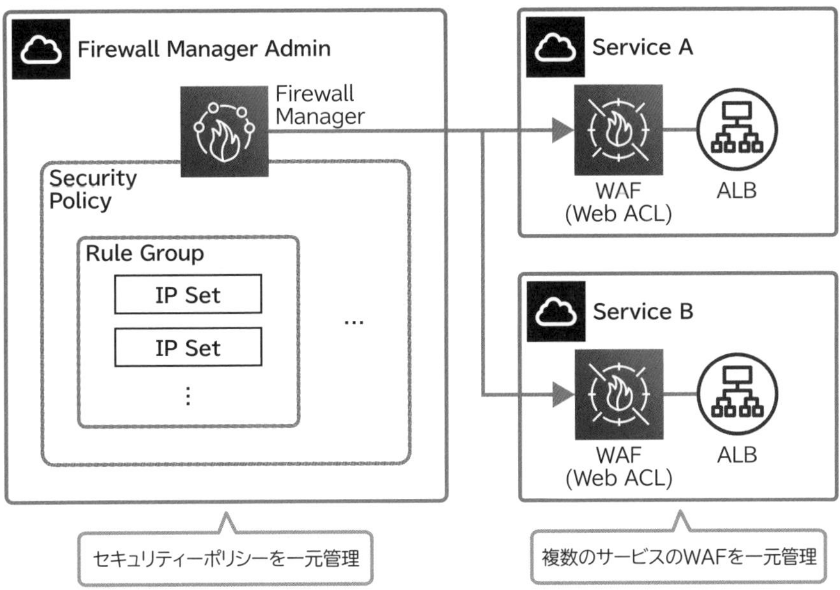

Point ファイアウォールとは

ファイアウォールは一般に使われる用語で、Webシステムをセキュリティの脅威から守るツールのことです。

ファイアウォールは特定のIPアドレスからのアクセスや、サーバー側の特定のポートに対してのアクセスを制御し、不正なアクセスをブロックします。

＊**Amazon GuardDuty**：マネージド型脅威検出サービスのことで、AWSの環境やAWSアカウントに対する攻撃を検知する。

56 AWS Certificate Manager

AWS Certificate Manager (以下、ACM) は証明書管理サービスです。ACMを使うことによってSSL証明書の発行や発行したSSL証明書の自動更新をすることができます。

● SSL通信とは

インターネット上にてやりとりされるデータの「盗聴」や「なりすまし」を防止するための暗号化プロトコルになります。SSLまたはTLSには、「実在証明」と「暗号化通信」という、大きな2つの役割があります。その2つを総称して**SSL/SSLサーバー証明書**と呼びます。SSL/TSLサーバー証明書は、Webサイトの運営者の実在性を確認する証明書のことになります。

また、SSL/TSLサーバー証明書を複数のサイトで適用する場合は、2種類のパターンがあります。

同じドメインで違うサブドメインのサイト2つのSSL/TSLサーバー証明書を適用する場合は、ワイルドカード証明書を作成します。違うドメインでSSL/TSLサーバー証明書を作成する場合は、マルチドメイン証明書を発行します。

● ACMで簡単にSSL化

SSL通信の設定をするのは一定の手間がかかりますが、ACMを使用すると簡単にSSL通信にすることができます。非常に便利なサービスなので、AWSで構築する際に使用されることが多いです。SSL通信はELBやCloudFront、API Gatewayに設定することができます。

56-01 AWS Certificate Manager (ACM)

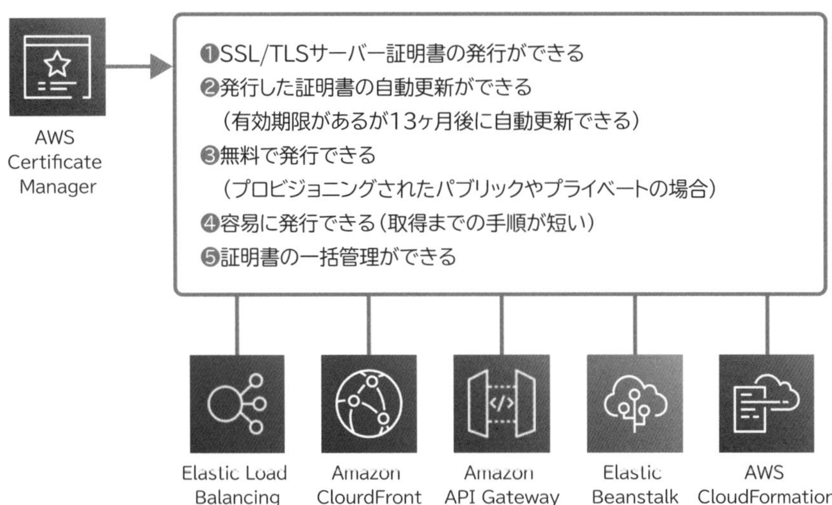

AWS
Certificate
Manager
❶SSL/TLSサーバー証明書の発行ができる
❷発行した証明書の自動更新ができる
（有効期限があるが13ヶ月後に自動更新できる）
❸無料で発行できる
（プロビジョニングされたパブリックやプライベートの場合）
❹容易に発行できる（取得までの手順が短い）
❺証明書の一括管理ができる
Elastic Load
Balancing
Amazon
CloudFront
Amazon
API Gateway
Elastic
Beanstalk
AWS
CloudFormation

56-02 ACMでキーを発行

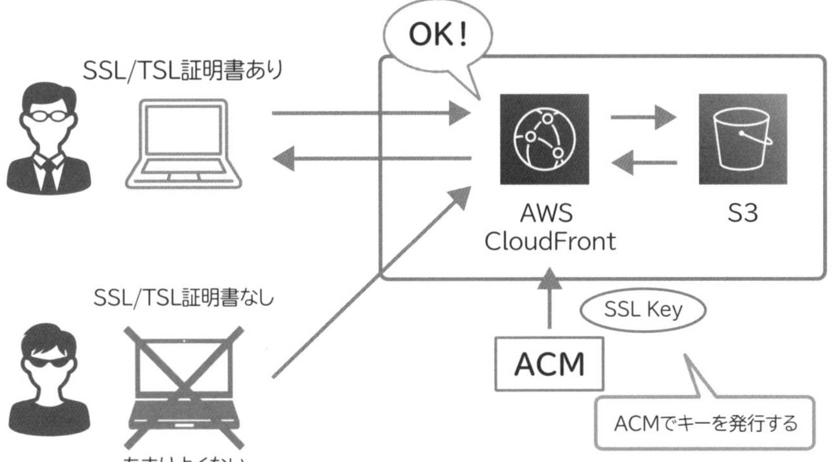

IAM Identity Center とAmazon Cognito

IAM
AWSアカウント
AWS
ユーザー認証
ユーザー管理

AWS IAM Identity CenterはAWSユーザーやクラウドアプリケーションなどのユーザーを一元管理する機能を提供します。AWS Cognito(コグニート)は、外部のユーザー向けにWebアプリやモバイルアプリを提供する際の認証、認可、ユーザー管理の機能を提供します。

● IAM Identity Center

IAM Identity Centerは一組のID・パスワードによる認証を一度行うだけで複数のサービスにログインできるようにする仕組みです。

利用者が複数のサービスを利用する場合、ID・パスワードの組み合わせが増え、各サービスごとにログインが必要になるため、利便性が低下し、管理者側もID・パスワードの管理が大変になることがあります。しかし、IAM Identity Centerは1つのID・パスワードで複数のサービスにアクセスでき、利便性を向上させると同時に、セキュリティリスクを減少させることができます。

●主な機能

- **アイデンティティ管理**

  IAMを使用すると、AWS上でアクセス制御するアイデンティティを管理できます。IAMを使用して作成できるアイデンティティには、ユーザー、グループ、ロールがあります。ユーザーはAWSリソースにアクセスするためのAWSアカウントを持ち、グループは複数のユーザーを1つのアイデンティティにまとめ、共通のアクセス許可を与えることができます。ロールはAWSサービスなどのアイデンティティを表し、**AWSアカウント**に関連付けられます。

57-01 AWS IAM Identity Centerの場合

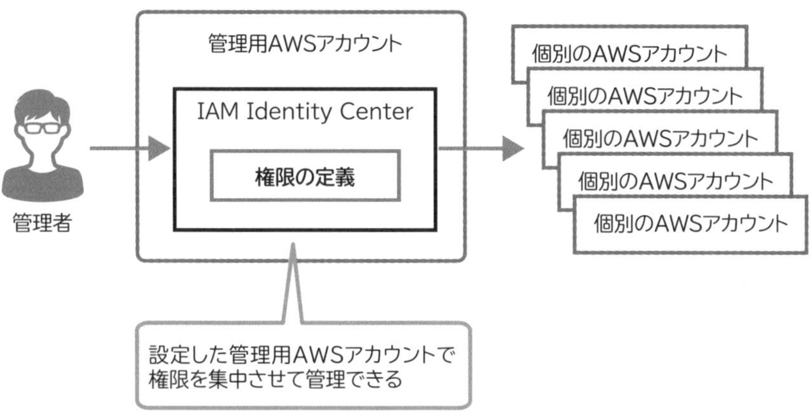

57-02 Cognitoの場合

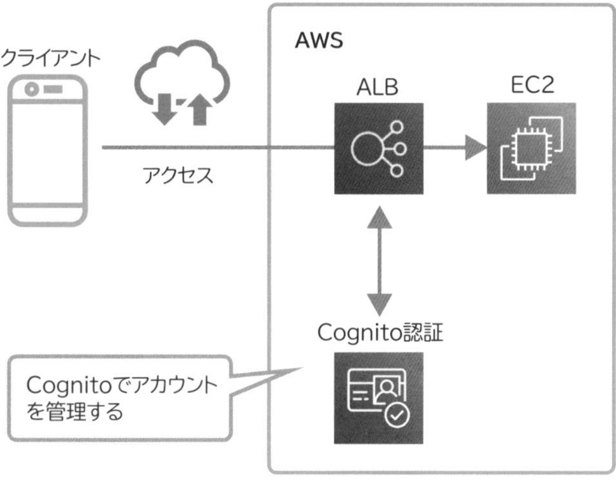

- **アクセス許可管理**
  AWSリソースへのアクセス許可を細かく設定できます。AWSの各サービスは、AWSマネジメントコンソール、AWS CLI、APIなどを通じてアクセスされますが、IAMを使用することで、ユーザーやロールに特定のAWSリソースへのアクセス許可を与えることができます。アクセス許可は、IAMポリシーというJSON形式の文書で定義されます。

- **認証管理**
  ユーザーやグループ、ロールの認証方法を管理でき、IAMを使用することでAWSアカウントに関連付けられた認証情報を使用して、AWSリソースにアクセスできます。認証情報には、AWSアカウントのルートユーザーの場合は、メールアドレスとパスワードがあります。IAMユーザーの場合は、ユーザー名とパスワードまたはアクセスキーがあります。

- **アカウント管理**
  AWSアカウント全体のセキュリティを維持することができます。IAMを使用すると、アクセスキーのローテーション、マルチファクタ認証の設定、セキュリティポリシーの設定など、アカウント全体にわたるセキュリティ管理を行うことができます。

Amazon Cognito

具体的にはユーザー認証をする際にメール認証を入れたり、SNS認証（Facebookログイン、Twitterログインなど）を入れる際にAmazon Cognitoを使用すると便利です。類似のサービスとしてはFirebase Authなどがあります。

主な機能

- **ユーザー認証**
  アプリケーションのユーザーは、ユーザー名とパスワード、ソーシャルプロバイダーのアカウント情報、およびSAMLプロトコルを使用して認証できます。

- **ユーザー管理**

  アプリケーションのユーザーの作成、更新、削除、およびグループ管理ができます。これにより、異なるグループに属するユーザーに対して異なるアクセス許可を与えることができます。

- **認証フローの管理**

  アプリケーションが独自の認証フローを作成して、ユーザーによるログイン体験をカスタマイズすることができます。

- **ソーシャルプロバイダーの連携**

  Facebook、Google、Amazon、およびTwitterなどのソーシャルプロバイダーと連携できる機能を提供しています。これにより、ユーザーはソーシャルプロバイダーのアカウント情報を使用して、アプリケーションにログインできます。

- **ユーザープール**

  アプリケーションのユーザーを管理するためのAWS Cognitoの機能の1つで、ユーザー認証や管理、および認証フローの管理に使用されます。

- **アイデンティティプール**

  アイデンティティプールを使用すると、ユーザーはアプリケーションで認証された後、アプリケーションのAWSリソースにアクセスできます。

Point IAMは2段階認証が推奨される

IAMはユーザーごとに発行して、2段階認証を設定することが推奨されています。設定をする際には、MFAコード1とMFAコード2の2つを設定する必要があります。2段階認証のアプリでは定期的にコードが変わるので、1個目と2個目に表示されたコードをそれぞれMFAコード1と2に設定します。また、1つのモバイルが壊れたときのために、2つのモバイルで同じ登録をしておくとリスクヘッジになります。

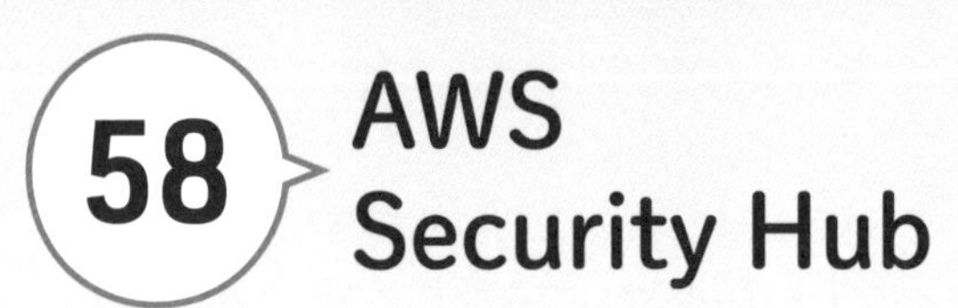

58 AWS Security Hub

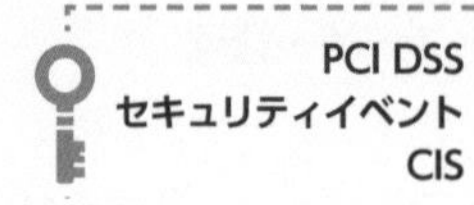

AWS Security Hub (以下、Security Hub) はAWSのセキュリティ系のサービスを一元管理することができるサービスです。

Security Hubの機能

Amazon GuardDuty、Amazon Inspector、IAM Access Analyzer、Amazon Macie、AWS Firewall Managerなどのサービスを一括で管理することができます。また、**PCI DSS***などの業界で決められたセキュリティ水準を準拠する際には、Security Hubで自動的にチェックすることもできます。Security HubがAWSのセキュリティのチェックを行い、問題が発生している部分をアラート表示することができます。

Security Hubの役割

Security Hubには次の役割があります。

・セキュリティイベントの集約
・セキュリティのチェック

●セキュリティイベントの集約

セキュリティインシデント発生の際には「検知」「トリアージ」が大切です。検知はセキュリティイベントが発見されたり、あるいは連絡を受けたりすることです。次にトリアージですが、これは検知した情報に基づいて事実関係を確認し、対応すべきセキュリティインシデントであるかを判断します。被害を最小限にするために検知とトリアージが重要です。

AWS Security Hubの画面ではアラートが集約されるため、検知やトリアージにかかる時間を短縮することができます。

＊**PCI DSS**：Payment Card Industry Data Security Standardの略で、クレジット業界におけるクレジットカード情報、および取引先情報を保護するためのグローバルセキュリティ基準のこと。

●セキュリティのチェック

AWS Security Hubは、セキュリティチェックやコンプライアンスチェックができます。AWSが推奨するセキュリティ基準に則り、セキュリティのチェックをすることができます。そのときに利用できるルールセットがあります。

❶AWS 基礎セキュリティのベストプラクティス

AWSが提供するセキュリティ基準です。基本的にはこちらを利用します。

❷CIS AWS Foundations Benchmark

CIS (Center for Internet Security)が提供しているもので、基本的なセキュリティを実装するための技術的なベストプラクティスです。

❸PCI DSS (Payment Card Industry Data Security Standard)

クレジットカードの会員情報の保護を目的として、クレジットカード5社が共同で策定したカード情報のグローバルセキュリティ基準です。

58-01 セキュリティ系のサービス

AWS Security Hub
アラート管理画面
Amazon GuardDuty
脅威を検知する
Amazon Inspector
セキュリティを評価する
AWS Firewall Manager
ファイアウォールを管理する
⋮
AWS上で利用している
サービスの状態を把握し、
推奨されている設定に
準拠しているかを
確認できる

この他、Amazon Macie (S3 に保管された機密情報を検出して通知や保護をする)、AWS IAM アクセスアナライザー (他者からアクセスできるリソースを検出する)、AmazonHealth (リソースのパフォーマンスを評価する)、AWS Config (AWS アカウントの AWS リソースの設定を評価・監査・評価する) などと連携している。

59 Secrets Manager とAWS STS

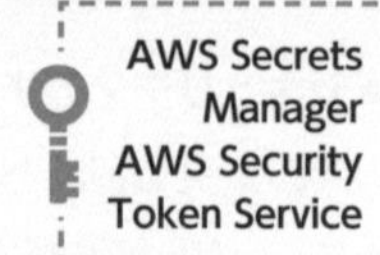

データベースの認証情報やAPIキーなどの重要性の高い情報を管理することができる便利な機能を紹介します。

AWS Secrets Manager

AWS Secrets Managerは、データベースの認証情報やAPIキーなどのキー情報を管理できるサービスです。

従来のキーなどの認証情報をアプリケーションに持たせる方法は、キー漏洩の問題もあり、セキュリティ的に問題がありました。また、定期的にキーを更新するのにも管理コストがかかっていました。

AWS Secrets Managerを使用すると、アプリケーションにキーなどの認証情報を保存する必要がなくなります。AWS Secrets Managerに保存したキーなどの認証情報を取得して使うことができます。

AWS Security Token Service

AWS Security Token Service（以下、AWS STS）とは、一時的にAWSリソースへアクセスするためのセキュリティ認証情報の発行ができるサービスです。

一時的な認証情報として、「アクセスキー」「シークレットアクセスキー」「セッショントークン」の3つがあります。AWS STSでは、権限付与にIAMユーザーとIAMロールを用意する必要があります。一時的な認証情報を使用することで、別のアカウントのリソースにアクセスすることができます。また、一時的な認証情報を発行することで、キーの流出を最小限にすることができます。

59-01 AWS Secrets Manager

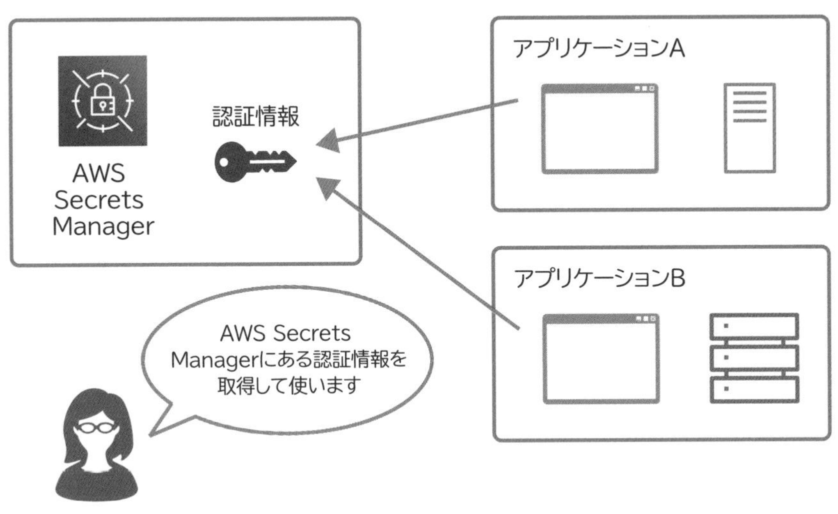

59-02 AWS STSで一時的なキーを発行

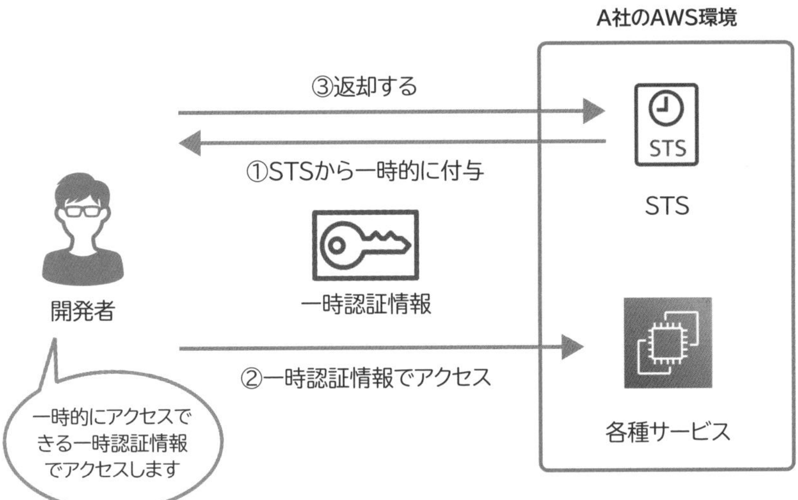

07
セキュリティ、アイデンティティ、コンプライアンス

60 AWS Organizations

AWSアカウント
ポリシー

AWS Organizationsとは、複数のAWSのアカウントを一元管理できるAWSのサービスです。

Organizationsの機能

複数の**AWSアカウント**をグループ化し、そのグループごとに共通のポリシーを設定することが可能です。企業内の部署ごとにAWSアカウントをグループ化し、利用できるサービスの制限を部署間にかけることができるようになります。

このように個別のアカウントに対して制限をかけるだけでなくグループごとにポリシーの設定を行い、統制できるようにしたサービスがAWS Organizationsになります。

このサービスを正しく利用できれば、AWSの複数のアカウントが非常に効率よく管理できるようになります。

主な機能

●アカウントのグループ化

複数のAWSアカウントをグループ化することができます。これにより、部署ごとにアカウントをグループ化し、利用可能なサービスの制限をかけることができます。

●統合請求

複数のAWSアカウントを統合して請求書をまとめることができ、企業内でのAWS利用に関する請求処理を簡素化することができます。

●ポリシーの管理

アカウントグループごとに共通のポリシーを設定することができます。これにより、セキュリティ、コンプライアンス、コスト最適化など、異なる目的に応じてポリシーを設定することが可能です。

● アカウントの自動作成

新しいアカウントが必要になった場合に、ポリシーに基づいて自動的に新しいアカウントを作成することができます。アカウント作成の手順を簡素化し、効率的なアカウント管理が可能です。

● アカウントの監視

アカウントグループごとに、アカウントの利用状況やセキュリティ上のリスクを監視し、アカウントの問題点を早期に発見し、対処することができます。

● リージョン制限

アカウントグループごとにAWSの利用可能なリージョンを制限することができます。

60-01 AWS Organizations

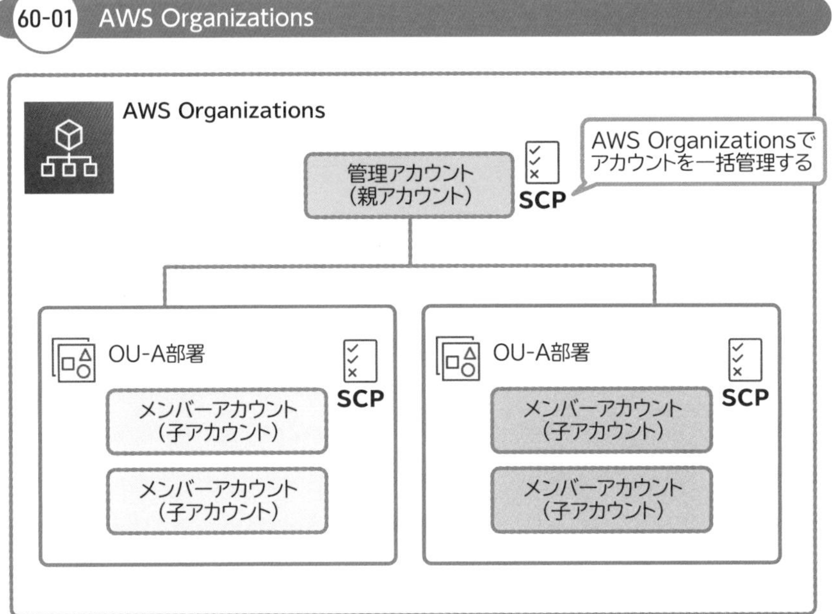

※OU : Organization Unitのこと
※SCP : サービスコントロールポリシーのことで、組織内のアカウントで使用できるAWSサービスを定義できる

MEMO

08

コンテナ

仮想マシンとコンテナについて説明します。Dockerを利用してコンテナ化したアプリケーションの実行やオーケストレーションによる複数アプリケーションの制御について説明します。特に、Amazon Elastic Container Registry (ECR) やAmazon Elastic Kubernetes Service (EKS)、Amazon Elastic Container Service (ECS)、AWS Fargate、AWS App Runner、について説明します。

61 仮想マシンとコンテナ

仮想マシン
コンテナ

仮想マシンやコンテナはPCの中に仮想のPCを作る技術です。仮想マシンのソフトウェアで代表的なのはOracle Virtual BoxやVMware Playerなどがあります。これらのソフトを使うことで1つのコンピューターの中で複数のOSを起動することができます。

● 仮想マシンとは

仮想マシンは、ソフトウェアで実現されたコンピューターであり、物理コンピューターと同様にオペレーティングシステムとアプリケーションを実行することができます。仮想マシンは、コンピューターのファイルとして存在しますが、物理コンピューター上で実行されるため、物理コンピューターと同等の機能を持ちます。つまり、仮想マシンは独立したコンピューターシステムのように稼働することが可能です。

● コンテナとは

コンテナは、オペレーティングシステムの仮想化技術であり、サーバー内のアプリケーションやWeb開発・管理を効率的に行うことができます。コンテナ内には、アプリケーションとその実行に必要な要素が事前にパッケージ化されており、ミドルウェアやOSライブラリを個別に用意する必要がなく、どの環境でも簡単に実行することができます。

● 仮想マシンとコンテナの違い

仮想マシンとコンテナの主な違いは、仮想マシンはハイパーバイザーを介して複数の仮想OS環境を実現するのに対して、コンテナは1つのホストOS上で複数の分離されたアプリケーション環境を実現する点です。

具体的には、仮想マシンは、ハイパーバイザーによってホストOSから物理リソースを分離し、各仮想マシンに割り当てることで複数の仮想OSを実現しています。それに対して、コンテナは、DockerやKubernetesなどのコンテナランタイムによって、ホストOS上でアプリケーションごとに独立したファイルシステム、ネットワーク、プロセス空間を提供することで、複数のアプリケーション環境を実現しています。

そのため、仮想マシンはそれぞれに独自のOSが必要であり、リソース消費が大きい一方、アプリケーションのバリエーションが広く、相互に影響を受けることがないため、安定しているという特徴があります。一方、コンテナはリソース消費が少なく、起動が高速であるため、アプリケーションのデプロイやスケーリングが容易であるという特徴があります。ただし、ホストOSとの互換性やネットワーク設定などによっては、アプリケーション間の影響を受けることがあるため注意が必要です。

61-01 仮想マシンとコンテナ

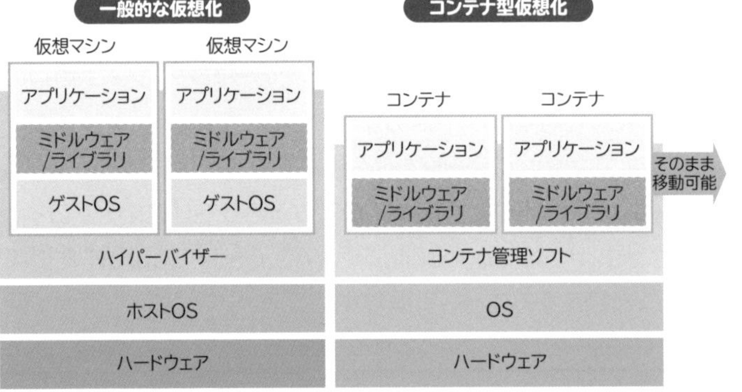

61-02 構築のフロー

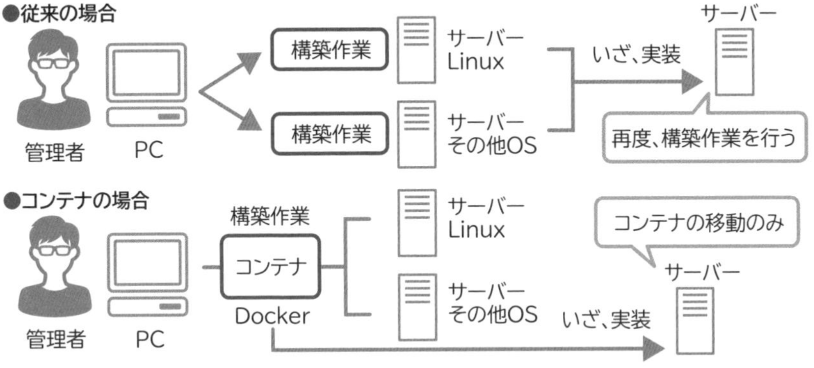

08 コンテナ

62 Amazon ECR

Amazon Elastic Container Registry (以下、ECR) は、完全マネージド型のコンテナレジストリであり、インフラストラクチャのスケーリングが不要なため、コンテナイメージをプライベートに保管して共有・管理・デプロイできるサービスです。

自分で作成した**コンテナ**の保存や管理、**デプロイ**などができます。また、他の人が作ったコンテナがDocker HubやAWS Marketplaceから提供されている場合があり、簡単に他の人が作った環境を使用することもできます。

コンテナを使用しないシステム運用と比べると、コンテナを使用するといくつかのメリットがあります。1つのコンテナを作成しておくと他のPCで動作します。環境設定を初めにしてしまえば楽に構築ができます。その一方でコンテナ周辺の技術を学ばないといけないという学習コストはあります。

ECRに保存したコンテナイメージを他のAWSの各種サービスに連携して使用することができます。EC2やECS、Fagate、EKSなどのサービスにデプロイして使用することが一般的です。AWS CodeBuild*やAWS Code Deproy*を使用して、CI/CDパイプラインを構築することも可能です。

● ECRの機能

●イメージストレージ

コンテナイメージを暗号化し、AWS IAMの権限管理やVPCのネットワークアクセス制御で保護されたセキュアなストレージで保管することができます。

●プライベートレジストリ

コンテナイメージをプライベートに保管して、必要な場合にのみ共有することがで

＊**AWS CodeBuild**：コードをコンパイルしてテストを行い、デプロイできるソフトウェアを生成するサービスのこと。
＊**AWS CodeDeproy**：EC2やECS、Lambda、オンプレミスサーバーなどのサービスに対してデプロイを自動化するサービスのこと。

きます。

●イメージ管理、検索

タグ付けやバージョン管理により、コンテナイメージを簡単に管理することができ、タグや説明などを使ってコンテナイメージを検索することもできます。

●CI/CDの統合

Amazon ECS、Amazon EKS、AWS Fargate、AWS CodePipelineなどのAWSサービスと統合して、CI/CDパイプラインを自動化することができます。

●イメージ転送

AWS内のリージョンやアカウント間でコンテナイメージを簡単に転送することができます。

●セキュリティ

コンテナイメージはHTTPSプロトコルを通じて転送され、保管時には自動的に暗号化されます。さらに、IAMユーザーやロールを使用してAWSアカウントのアクセス権限を制限することができます。

62-01 AWS ECRでコンテナ管理

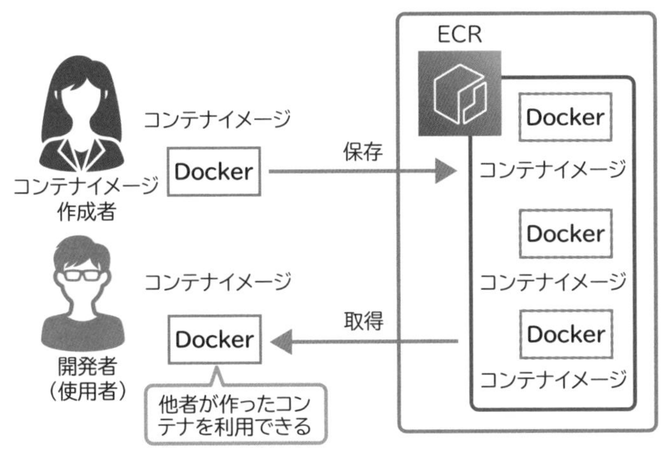

63 Amazon EKS

Amazon Elastic Kubernetes Service（以下、EKS）は、文字どおりAWS上でKubernetesを利用することができるサービスです。Kubernetesはグーグルが開発したコンテナオーケストレーションツールです。

● EKSの機能

Kubernetes（クバネティスもしくはクーベネティス）を動かす上で、いくつかのコンポーネントが必要になります。そのために、Kubernetesの環境を自前で構築しようとすると、これらのコンポーネントを管理する必要があります。Kubernetesは、それ自体の構築やその後の運用に時間やコストがかかることが課題でしたが、EKSを用いることでこれらの課題をクリアして運用することができます。

Kubernetesは、それ自体がプラットフォームなので、システム要件としてKubernetesを使うという要件がなかった場合、基本的にAWSでコンテナを動かすということはECSを使用するということになります。

Kubernetesで動かすことを前提としたシステムでAWS上での稼働を考慮することになると、EKSは必須のサービスになります。

● Kubernetesとは

Kubernetesは、Dockerコンテナにおけるアプリケーションのスケール、管理、デプロイの自動化を行うオープンソースソフトウェアです。Kubernetesが提供する機能は、コンテナオーケストレーションサービスと呼ばれ、管理しやすいマイクロサービスの基盤を提供します。Kubernetesは、AmazonのAWSで提供されるEKS、MicrosoftのAzureで提供されるAKSやGoogleのGCPで提供されるGKEなどの様々なクラウドベンダーにも採用され、パブリッククラウドのサービスとして提供されています。そのため、Kubernetesはデファクトスタンダード的な位置付けとなってます。

63-01 EC2からEKSへ移行する例

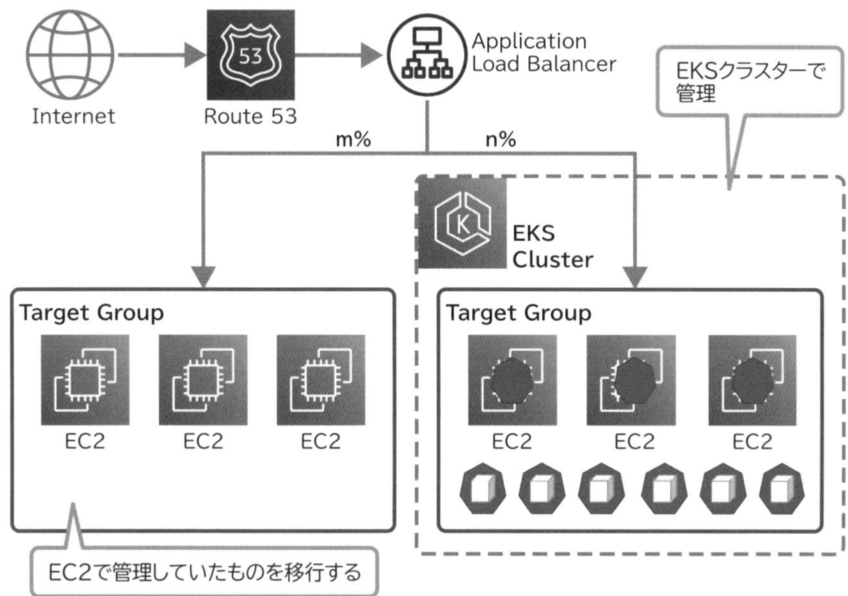

63-02 ECSとEKS

ECS	・コンテナを使ったアプリケーション開発 ・運用を行いたい ・コンテナの運用を簡単に行える技術を採用したい ・Kubernetsについては知識がない
EKS	・Kubernetesを使って開発・運用を行いたい ・Kubernetesの知識がある ・Kubernetesコミュニティの恩恵を受けたい

Point EKSのメリット

- EKSを使用することで、Kubernetesクラスターを手動で設定する必要がなくなる
- 開発者はアプリケーションの開発に専念できる
- IAMと統合されているため、アクセス制御を簡単に行うことができる
- 多くのツールやプラグインが利用可能

64 AWS App Runner

コンテナアプリケーション
Webアプリケーション
API サービス
デプロイ

AWS App Runner (以下、App Runner) は、コンテナ化されたアプリケーションを簡単にデプロイするサービスです。

フルマネージド型のコンテナアプリケーションサービスであり、コンテナ化されたWebアプリケーションや API サービスを構築、デプロイ、実行ができます。

App Runnerの機能

使い方も非常に簡単で、コンテナイメージを指定し、サービスサポートやAuto Scalingなどのいくつかの設定を行うだけでコンテナをFargateへデプロイしてくれます。また、App Runnerは自動によるデプロイをすることもできます。

インフラ、サーバー側のエンジニアリソースが足りないチームの場合や、コンテナや自動デプロイなどの経験が少ないチームの場合でも、ウェブアプリケーションとAPI をクラウドに簡単にデプロイできるので便利です。

ECRへコンテナイメージをプッシュするか、Githubにソースコードをpushしたときに、App Runnterがコンテナをデプロイすることができます。コンテナがデプロイされるとApp Runnerがロードバランサの設定をします。さらにVPC周りの設定をApp Runner側で管理してくれます。

ECSとの違い

ECSでコンテナをデプロイするときには、CodePipelineなどを使用してデプロイをする仕組みを構築する必要があります。

ソースコードの管理はCodeCommitを、ビルド環境にはCodeBuildを、デプロイにはCodeDeployなどを使用してECSへデプロイ自動化を構築します。

App Runnerの場合は、CodePipelineを構築しないでも、簡易的に自動デプロイを構築することができます。

64-01 App Runner

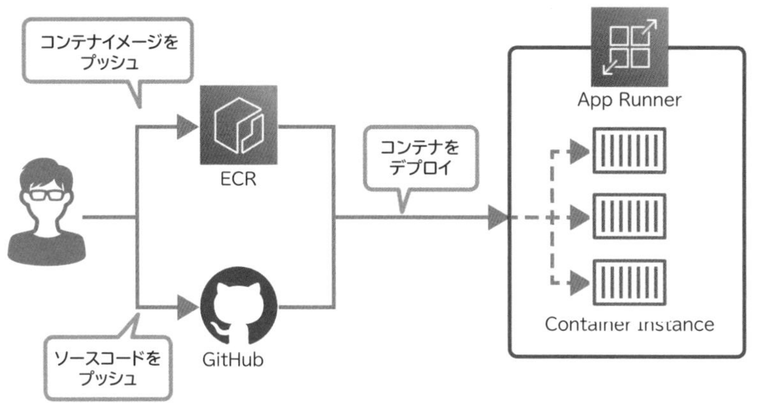

64-02 App Runnerへデプロイする場合

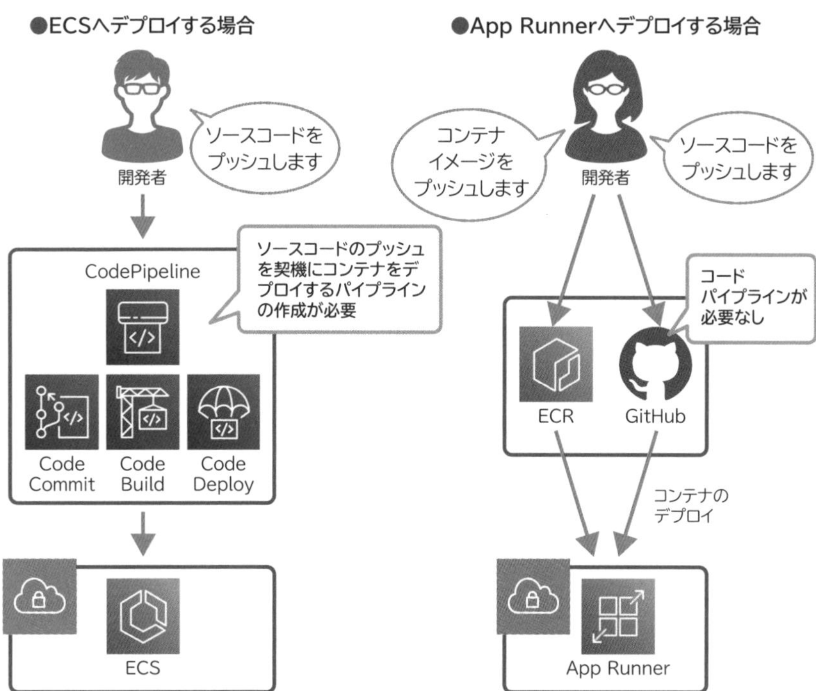

65 Amazon ECS

Amazon Elastic Container Service (以下、ECS) はEC2を使用してDockerコンテナを管理するサービスです。バッチ処理などを実行するDokerコンテナアプリケーションをAWS上で簡単に実行、保護、スケールすることが可能です。

ECSはAWSのコンテナオーケストレーションサービスのことで、このECSによりコンテナ化したアプリケーションのデプロイや管理、スケーリングなどができます。**Dockerコンテナ**自体の構築や管理には非常に労力がかかりますが、この部分をAWSがすべて担うことができます。

ECSを利用してコンテナを起動する時に、どのタイプのプラットフォームで動かすのかを、**EC2**と**Fargate**の2種類の起動タイプから選択できます。

EC2の場合は、EC2インスタンス内で起動するコンテナランタイム上でコンテナを起動するタイプです。EC2インスタンスの管理は、ユーザー側で行う必要があります。

Fargateの場合は、AWS側が管理するサーバー上でコンテナを起動するタイプです。Fargateはコンテナランタイム・OSの部分も含めてサーバーの管理はAWS側が担うため、ユーザー側はこの部分を意識する必要がありません。サーバー内のコンテナランタイム・OSなどのバージョンはプラットフォームバージョンで管理されているため、Fargateを動かす際には、このプラットフォームバージョンを指定する必要があります。Fargateはおおよそ1年単位で更新されるので、この点についてはユーザーがバージョン更新をしていく運用が必要になります。

● ECSの機能

●コンテナ管理

ECSを使用すると、Dockerコンテナを簡単に管理できます。コンソールまたはAPIを使用して、コンテナを起動、停止、再起動、および削除できます。

65-01 AWSでコンテナを使用

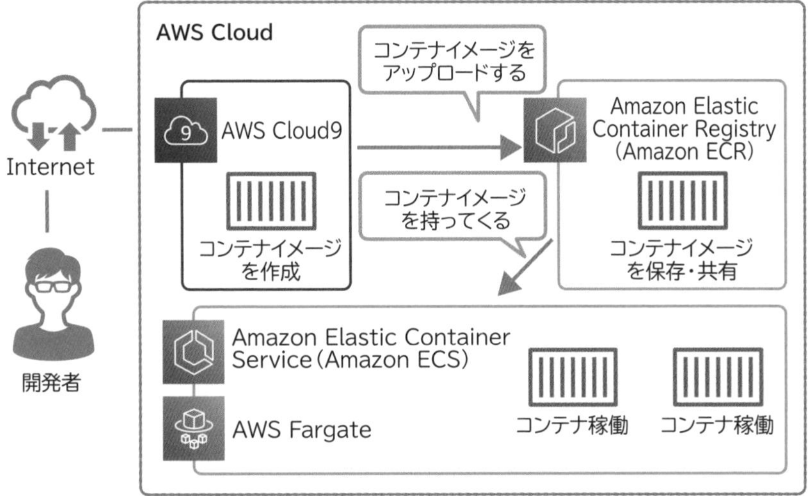

AWS Cloud
コンテナイメージを
アップロードする
Internet
AWS Cloud9
Amazon Elastic
Container Registry
(Amazon ECR)
コンテナイメージ
を持ってくる
コンテナイメージ
を作成
コンテナイメージ
を保存・共有
開発者
Amazon Elastic Container
Service (Amazon ECS)
AWS Fargate
コンテナ稼働
コンテナ稼働

65-02 2つの起動タイプ(FargateとEC2)

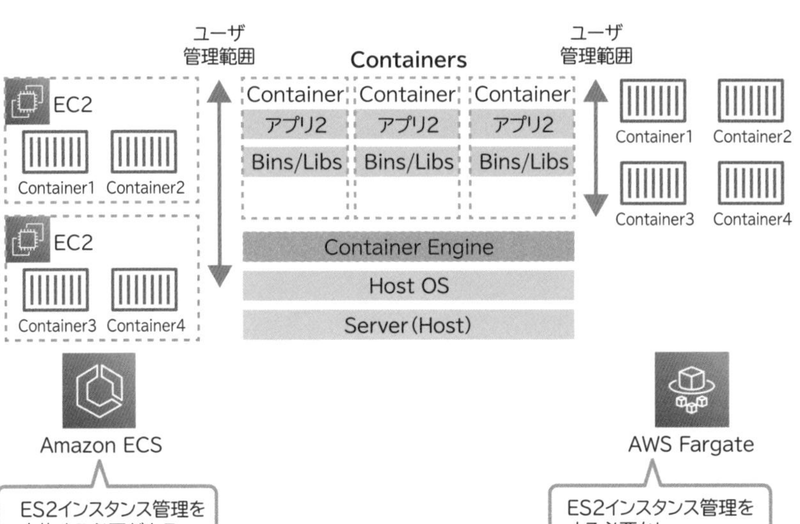

ユーザ
管理範囲
Containers
ユーザ
管理範囲
EC2
Container1
Container2
EC2
Container3
Container4
Container
アプリ2
Bins/Libs
Container
アプリ2
Bins/Libs
Container
アプリ2
Bins/Libs
Container Engine
Host OS
Server (Host)
Container1
Container2
Container3
Container4
Amazon ECS
AWS Fargate
ES2インスタンス管理を
実施する必要がある
(マネジメントコンソール
のEC2に表示される)
ES2インスタンス管理を
する必要なし

08
コンテナ

●スケーラビリティ

ECSは、自動的に負荷分散やスケールアップ、スケールダウンを行うことができます。Auto Scalingを使用して、CPU使用率、メモリ使用率、およびカスタムメトリックに基づいて自動的にインスタンスをスケールアップ、およびスケールダウンができます。

●セキュリティ

ECSは、IAMやVPC、セキュリティグループ、およびネットワークACLをサポートしています。コンテナは、隔離された環境で実行され、コンテナごとに異なるセキュリティコンテキストを持つことができます。

●ロードバランシング

ECSは、Elastic Load Balancingを使用して、トラフィックを複数のコンテナインスタンスに自動的に分散することができます。

●クラスタ管理

ECSは、複数のインスタンスを1つのクラスタにグループ化することができます。クラスタは、Auto Scalingグループを使用して自動的にスケールアップ、およびスケールダウンができます。

●オーケストレーション

ECSは、タスクスケジューリングやクラスタ管理、およびロードバランシングなどのオーケストレーション機能を提供します。また、Amazon ECSは、AWS Fargateを使用してコンテナを実行するためのサーバーレスインフラストラクチャも提供します。

●ECSの主な構成要素

要素	説明
クラスタ	Dockerコンテナを実行するための1つ以上のEC2インスタンスの集まりのこと
タスク	タスクの定義で起動するコンテナの集まりのこと
サービス	実行中のタスクを管理するもの

66 AWS Fargate

AWS Fargate（以下、Fargate）は、サーバーレスでコンテナを起動できるサービスです。インフラストラクチャを気にすることなく手軽に構築できます。上手に使用することでスケーラビリティやコストの効率化などを高めることができます。

EC2やオンプレミスの環境などでDockerを使用した**コンテナ**環境を構築するには、OSやミドルウェア、適切なインスタンスタイプの設定や、Docker自体の準備などが必要ですが、FargateではCPUとメモリとの組み合わせを選ぶだけでコンテナを実行することができます。また、後述のECSのAuto Scaligを使用することで、Fargateを使用してインフラストラクチャのリソースを心配せずにスケーリングすることができます。また、EC2の**スポットインスタンス**＊同様にAWSの余剰リソースを使用して割引価格で使用できるFarGate spotもあります。そのため、EC2同様に切断される可能性があることに気を配って使用しましょう。

デメリットとして、EC2で使用できる**Elastic IP**＊のような固定されたパブリックIPアドレスが使用できない点があります。またSSHやDockerのexcecコマンドを使用したコンテナへのアクセスができません。その場合は、**AWS CLI**＊を使用する必要があります。

料金はコンテナが使用したvCPUとメモリを元にリージョンごとに設定された料金体系によって算出されます。

＊**スポットインスタンス**：AWSの空き資源を利用するため安価に提供され、EC2で利用できるインスタンスタイプの1つ。
＊**Elastic IP**：インターネットからアクセスできるパブリックな静的IPv4アドレスのこと。
＊**AWS CLI**：Amazonコマンドラインインターフェイスのことで、AWSサービスの管理用統合ツールのこと。

● 主な機能

●マネージドコンテナ実行

Fargateは、Dockerなどのコンテナランタイムを使用して、コンテナを実行するために必要なすべてのリソースを自動的にプロビジョニングします。

●コンピューティングリソース

Fargateは、必要に応じてコンピューティングリソースを提供します。このため、ユーザーは必要とするリソースのみを支払うことができます。

●セキュリティ

Fargateは、Amazon VPC内で実行されるため、ユーザーはコンテナへのアクセスを完全に制御できます。また、コンテナイメージの署名とバージョン管理を使用して、イメージの信頼性を保証します。

●可用性

Fargateは、多数の可用性ゾーンにわたる複数のデータセンターで実行されます。これにより、ユーザーは高可用性と耐久性を得ることができます。

●自動スケーリング

Fargateは、アプリケーションのトラフィックに応じて自動的にスケーリングします。ユーザーはアプリケーションの要件に合わせてリソースを追加できます。

●サービスディスカバリ

Fargateは、Amazon ECSと統合されており、コンテナが自動的にサービスディスカバリに登録されます。これにより、ユーザーは簡単にコンテナを特定し、制御できます。

●プラットフォーム

Fargateは、複数のプログラミング言語、フレームワーク、およびアプリケーションアーキテクチャに対応しています。したがって、ユーザーは自分のニーズに合わせて、最適なアプリケーションを構築できます。

66-01 AWS Fargateでコンテナを使用

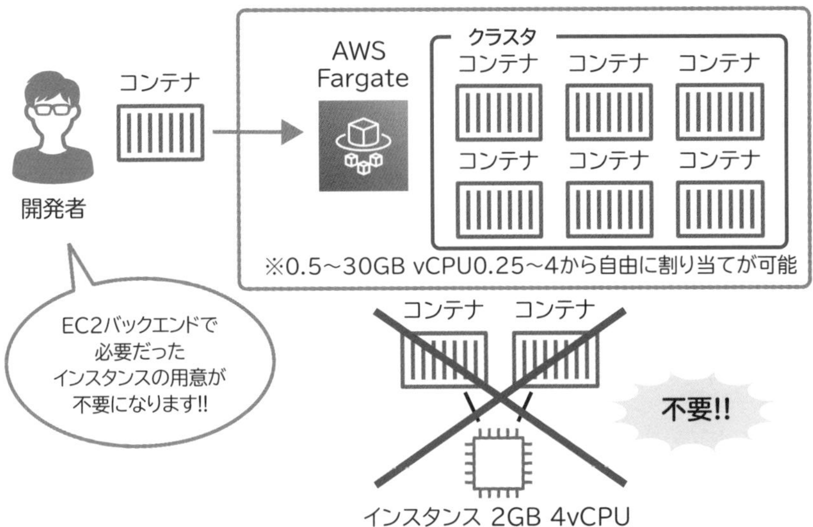

66-02 WebAPIとバッチ処理の事例

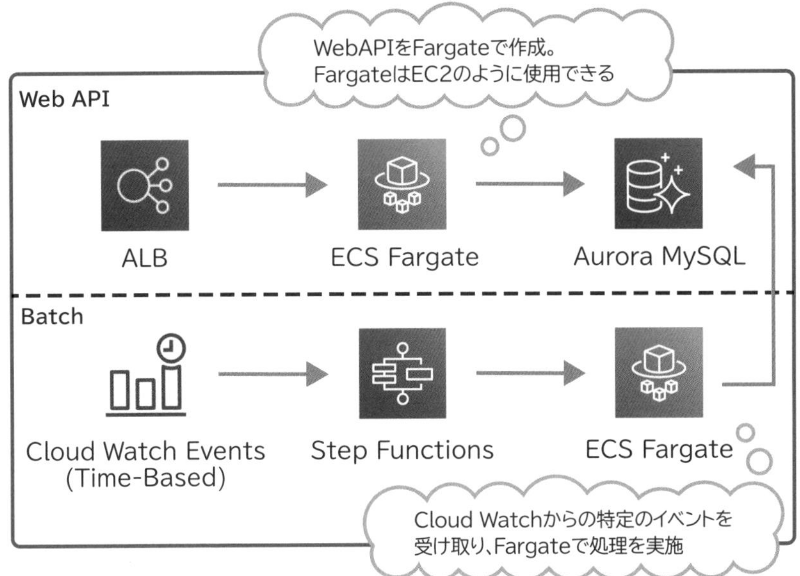

08 コンテナ

MEMO

09

ビジネス関連サービス

ビジネスに関わるAWSサービスを説明します。

例えば、業務で利用するメール配信サービスやサポートセンター業務、ファイル共有サービス、分散システムとサーバーレスアプリケーションをコードなしに統合するサービス、モバイルプッシュ通知やメッセージキュー、メッセージブローカー、複数のサービスをサーバーレスのワークフローに制する、ウェブ開発に使用するAPIなどのマネージサービスについて説明します。特に、Amazon WorkMail、Amazon WorkDocs、Amazon Connect、Amazon Simple Notification Service (Amazon SNS)、Amazon Simple Queue Service (Amazon SQS)、Amazon MQ、Amazon EventBridge、AWS Step Functions、Amazon API Gateway、AWS AppSync、Amazon Simple Emailを説明します。

Amazon WorkMailと Amazon WorkDocs

Amazon WorkMailは社内での情報伝達などに使用されます。Amazon WorkDocsはクラウドストレージサービスです。

Amazon WorkMailとは

提供されるサービスは、メールやカレンダー関連のサービスを提供します。オンプレミスでメールサーバーを構築することもありますが、クラウドを採用することもあります。2022年11月時点では1人あたり50GBのメールボックスストレージの利用が400ドルで利用可能です。類似サービスにOffice 365やGoogle Appsなどがあります。

Amazon WorkDocsとは

オンプレミスでファイルサーバーを構築することもありますが、AWSのクラウドサービスを採用することもあります。

類似サービスでDropbox、Google Drive、Microsoft OneDriveなどがあります。

Amazon WorkMailの主な機能

●Microsoft Outlookとの互換性

Amazon WorkMailは、すでに使っているMicrosoft OutlookなどのEメールクライアントと互換性があり、別途ソフトウェアをダウンロードする必要がなく、そのまま継続して使用できることが特徴です。

●セキュリティ

Amazon WorkMailは、AWSが提供するKey Management Service (**KMS**) で管理されている暗号キーを使用して、メール内に保管されたデータや送受信されるすべてのデータを暗号化しています。また、メールもスキャンされ、ウイルス・スパム・マルウェアのチェックが行われており、セキュリティ面においても優れています。

67-01 WorkMailでメールやカレンダーを管理

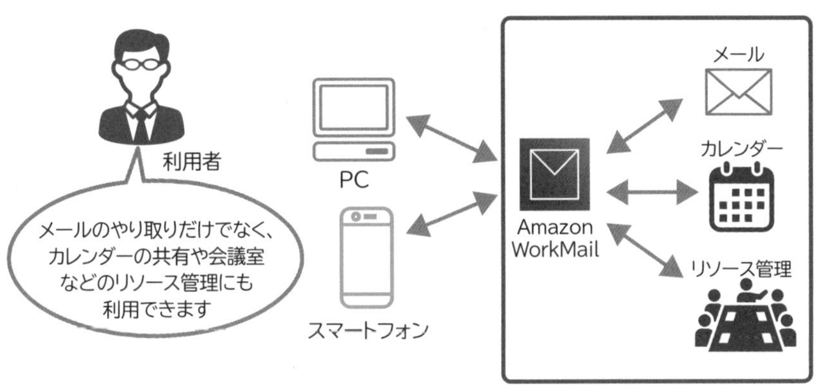

67-02 AWS WorkDocsでストレージを管理

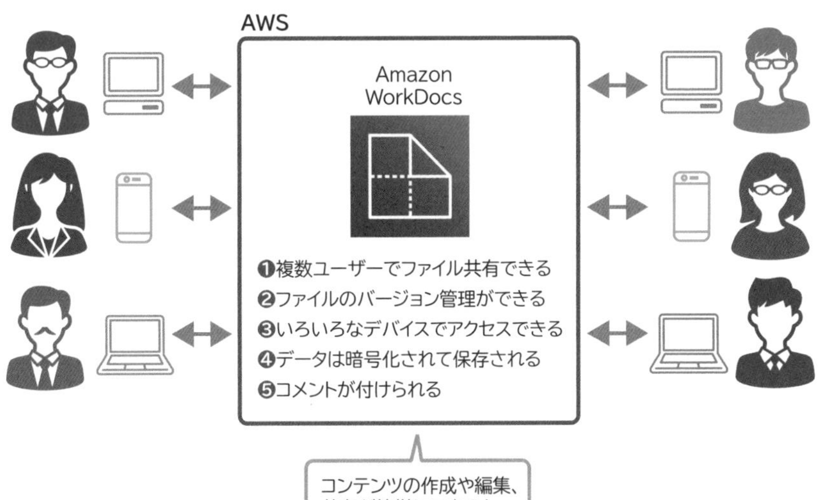

●ジャーナリング

Amazon WorkMailは、ジャーナリング機能によって組織内のすべてのEメール通信を記録することができます。この機能を有効にすると、送受信されるメールのコピーがシステム管理者の指定先アドレス宛に送信されます。SMTPジャーナリングを担う第三者コンプライアンスソリューションサービスと統合することで、プライバシー保護や情報保護、コンプライアンス保護などの管理が可能になります。

●ドメイン

Amazon WorkMailでは、ユーザーを追加する際、デフォルトでは『組織名.awsapps.com』がドメインとなりますが、独自のドメインを設定することもできます。

●Amazon WorkDocs連携

Amazon WorkMail内でファイルを添付する代わりにAmazon WorkDocsに保存されたデータを共有することができます。

● Amazon WorkDocsの主な機能

●ファイル制御

AWS WorkDocsでは、ユーザーはファイルのアクセスを制御できます。ファイルにロックをかけることで、ダウンロードや印刷などの操作を禁止することができます。ロックされたファイルは編集や変更ができず、所有者がアンロックすると、編集や変更ができます。

●ファイルのバージョン管理

AWS WorkDocsでは、ファイルを更新、および保存するたびにバージョン情報が更新（作成）されます。また、過去のバージョン情報を簡単に追跡することができる機能が提供されています。

●コメント機能

AWS WorkDocsでは、スレッド型の対話形式のコメントがファイルに対してできます。コメントを使って現在のファイルステータスを詳しく説明したり、外部ユーザーが見てもわかりやすいように、コメントをメッセージとして残すこともできます。

●タスク管理

AWS WorkDocsのTasks機能は、保留中のファイルやアクセス権限の割り当てを管理するための機能です。AWS WorkDocsユーザーや外部ユーザーは、作業中のファイルや共有、公開している情報を表示し、管理者側にアクションをリクエストすることができます。

●WorkDocs Drive

AWS WorkDocsの機能であるWorkDocs Driveは、デスクトップアプリケーションであり、WindowsやmacOSに組み込まれます。お気に入り登録したファイルやフォルダを同期し、ネットワークに接続されていない状態でも簡単にアクセスできます。また、WorkDocs Driveを使用すると、ファイルやフォルダを編集、追加、変更することができ、作業が終了すると自動的に同期されます。

●AWS WorkSpaces

AWS WorkSpacesは、WindowsまたはLinuxのデスクトップ画面を提供するマネージド型デスクトップソリューション(DaaS)であり、AWSの機能の一部です。AWS WorkSpacesでは、デフォルトで1ユーザーにつき50GBのストレージ容量が提供され、AWS WorkDocsに保存されたファイルに簡単にアクセスできます。さらに、WorkDocs Driveをインストールすることで、AWS WorkDocsへのアクセス権が自動的に付けられます。

●AWS WorkDocs Conpanion

AWS WorkDocs Companionは、AWS WorkDocsウェブクライアントに接続し、pdfファイルやテキストファイルを編集できるアプリケーションです。ファイル保存時にはAWS WorkDocsに保存され、手動でダウンロードやアップロードする必要がなくなり、クリップボードにコピーされるリンクを使用してファイルをそのまま共有することができます。

68 Amazon Connect

Amazon Connectを使用するとクラウド上にコールセンターのシステムを構築することができます。従量制課金で使用でき、コールセンターの運用を簡素化し、オペレーターの効率を向上させ、コスト削減を行うことができます。

● Amazon Connectの機能

Amazon ConnectではContact Control Panelを使用して通常のコールセンターとほとんど変わらない機能を体感することができます。また、Amazon Connectでは多くのAWSサービス・CRM製品と統合することもできます。そのため、使用する方に合わせたカスタマイズができます。

Amazon Connectは従来のオンプレミス型のコンタクトセンターと比較した場合にメリットが多く存在します。

まず、固定電話契約が不要で、インターネット環境につながるパソコンがあれば数日でコンタクトセンターの環境構築が可能です。

また、PBXを構築する必要がなく、初期費用がかからないため短納期で対応可能です。Amazon Connectには次の４つの機能があります。

❶コンタクトセンターの機能が標準搭載されている
❷オムニチャネル対応ができる
❸ノーコードによるIVRのコンタクトフロー設計ができる
❹高音質オーディオにより、ネットワーク混雑による影響を受けづらい

Point Amazon Connectのメリット

- 低コストで利用できるため、中小企業や新興企業にも手軽に導入が可能
- 必要に応じてスケールアップやスケールダウンができる拡張性がある
- 必要に応じて設定やカスタマイズができる
- 他のアプリケーションやサービスと簡単に連携できる

68-01 Amazon Connectの構成

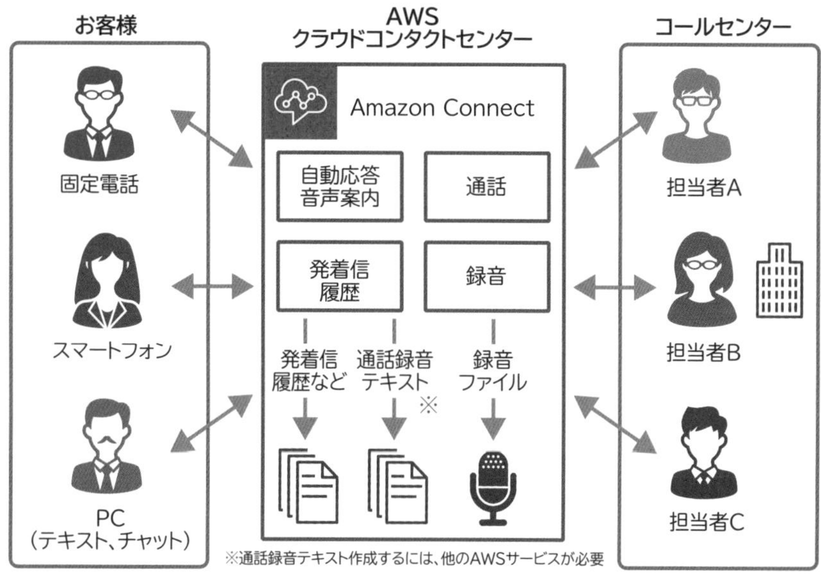

68-02 コンタクトセンターの例

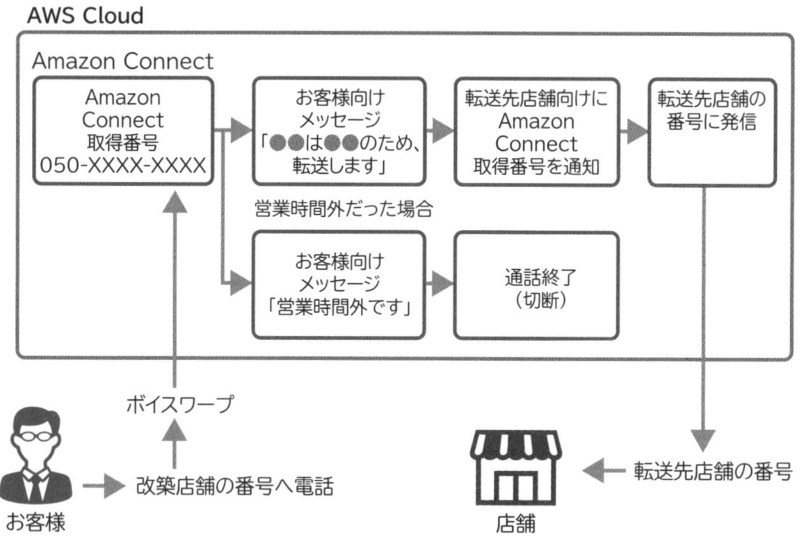

69 Amazon SNS

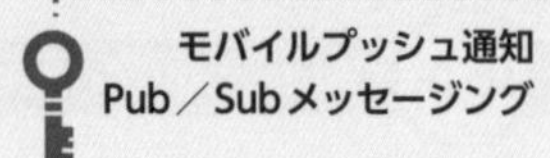

Amazon Simple Notification Service (以下、SNS) は、メッセージの配信や送信を管理したり、モバイルプッシュ通知などのメディアに対応したフルマネージド型のウェブサービスです。

● SNSの機能で通知

様々なAWSサービスや個人に向けて通知を送ることができます。サーバーレスサービスなので面倒な環境構築や運用の必要はありません。

SNSは、Subscriber (購読者) に対してあらかじめ設定しているトピックを購読しておくと、トピックにメッセージが送られてきたときにトピックが購読者に対してメッセージを配信する仕組みです。似たサービスとして、前章で紹介したAmazon SESがありますが、SESはメールに特化しているのに対して、SNSはAWSのサービスへの通知やSMS、スマートフォンへのプッシュ通知するなどの様々な通知が可能です。メールでの通知を行う場合、SNSには容量制限があるので長文に向かず、定期実行の設定もできないのでSESの方が向いていることが多いのですが、それ以外の通知を行う場合はSNSが向いています。

● 主な機能

●モバイルプッシュ通知

Amazon SNSを使えば、ユーザーのモバイル端末に直接通知を送ることができます。この機能は、Eメールなどと比較しても、よりエンゲージメント率が高く、効果的です。

●Pub／Subメッセージング

複数の送信先に通知を送りたい場合、トピックを使用することで、サブスクライバー全員に一度に送信することができます。また、個別の送信先に送信することもできます。

料金は使用したトピックのタイプごとに設定された料金が、使用量に応じて算出されます。

69-01 Amazon SNSで通知を管理

Publisher
（発行者）
通知は一方的な
プッシュ式です
AWS
SNS
SNS topic
Lambda
SQS
Email など
Subscriber（購読者）

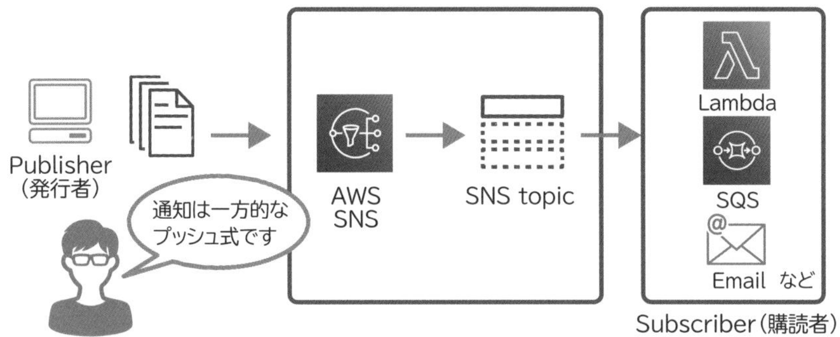

69-02 AWS SNSサービス構成図（Amazon公式より）

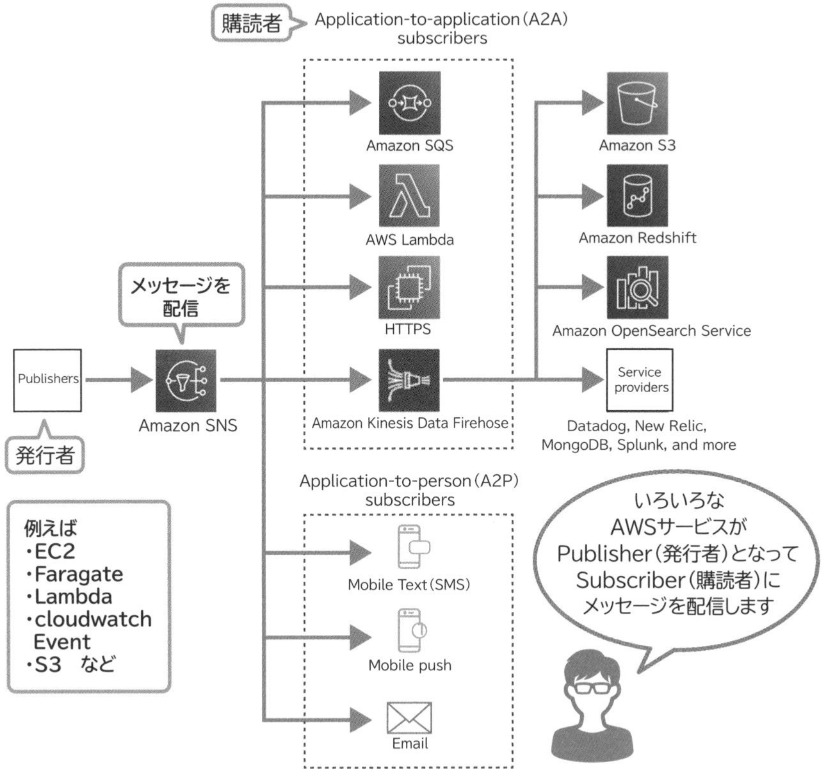

購読者
Application-to-application（A2A）
subscribers
Amazon SQS
AWS Lambda
HTTPS
Amazon Kinesis Data Firehose
Amazon S3
Amazon Redshift
Amazon OpenSearch Service
Service
providers
Datadog, New Relic,
MongoDB, Splunk, and more
メッセージを
配信
Publishers
発行者
Amazon SNS
例えば
・EC2
・Faragate
・Lambda
・cloudwatch
Event
・S3 など
Application-to-person（A2P）
subscribers
Mobile Text（SMS）
Mobile push
Email
いろいろな
AWSサービスが
Publisher（発行者）となって
Subscriber（購読者）に
メッセージを配信します

70 Amazon SQS

Amazon Simple Queue Service(以下、SQS)は、サーバーレスでメッセージのキューイングを行うサービスです。分散システムやサーバーレスアプリケーション用に提供されていて、キューイングを可能にするフルマネージド型のメッセージングサービスです。

● SQSでキューイングが便利に

大量のトランジションが発生するサービスや、大量のセンサーデータを処理する場合など、サーバー間で非同期メッセージを処理するために、待ち行列であるキューを使用することがあります。キューイングを行うことによって送信側は受信側の状態に関わらずメッセージの送信が可能になり、システム全体の安定した連携ができます。送信されたメッセージをいったんキューに保持させることで、受信側のステータスに左右されずに処理することができます。キューを使用してサーバー同士を疎結合にすることで、可用性を高めることができます。料金は処理を行ったリクエスト数から算出されます。

● 主な機能

●無制限のキューとメッセージ

Amazon SQSを使用することで、どのリージョンでも無制限の数のキューを作成し、無制限のメッセージを送受信することができます。

●ペイロードサイズ

Amazon SQSを使用する際、最大256KBのテキストを含むメッセージペイロードを送信できます。また、ペイロードは64KBのチャンクでリクエストとして処理されます。256KBを超える大きさのメッセージを送信する場合、Java用Amazon SQS拡張クライアントライブラリを使用することができます。

●バッチ

1回の操作で最大10件のメッセージ、または最大合計サイズ256KBまでのメッセージの送受信や削除ができ、バッチ処理でも、料金は単一メッセージと同じです。

●ロングポーリング

ロングポーリングリクエストを使用することで、外部からのポーリングを削減し、コストを抑えながらできるだけ迅速に新しいメッセージを受信できます。キューが空の場合でも、ロングポーリングリクエストを使用することで、次のメッセージが到着するまでの待機時間を最大で20秒にすることができます。

●メッセージのロック

受信したメッセージはロックされ、同時処理を防止することができます。処理に失敗した場合は、ロックが解除され、再度利用できるようになります。

●キュー共有

Amazon SQSキューは、匿名または特定のAWSアカウントで安全に共有できます。キューの共有は、IPアドレスや時間によって制限することもできます。

70-01 キューとメッセージの動き

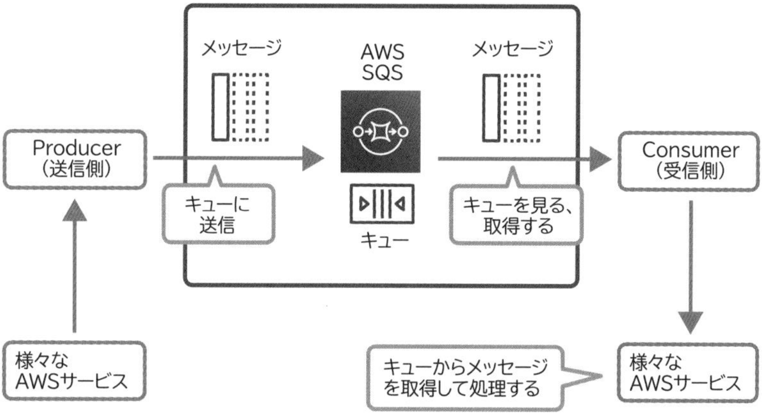

71 Amazon MQ

メッセージブローカー
キューイング

Amazon MQは Apache ActiveMQやRabbitMQのマネージドサービスです。メッセージを中継するメッセージブローカーを設定し、すぐに起動できるだけでなく、ソフトウェアのアップグレード、障害の検出とリカバリといった管理タスクも処理してくれるマネージドサービスです。

Amazon MQでメッセージを管理

Amazon MQはメッセージを順番に処理することができます。この処理をキューイングといいます。Amazon MQを使用することで、非同期でスケールに強いサービスを構築することができます。Amazon MQはAmazon SQSやAmazon SNSと似たサービスです。Amazon MQではApache ActiveMQ、およびRabbitMQをサポートしています。

一気にデータが来た場合に、そのままサーバーが処理するとメモリがいっぱいになってサーバーが固まってしまうことがあります。そんなときに一時的にメッセージを格納して管理するのがメッセージブローカーサービスです。

主な機能

●キューイング

キューイングを使用することで、メッセージを順番に処理することができ、サービスを非同期にスケールアップすることが可能です。これにより、多数のリクエストを同時に処理することができ、アプリケーションのパフォーマンスを向上させることができます。

●セキュリティ

メッセージは保管中と転送中に暗号化され、安全にフォーマットで保存できます。ブローカーに接続する際はSSLを使用し、Amazon VPC内のプライベートエンドポイントにのみアクセスを限定できるため、高いセキュリティ性を持っています。

●モニタリング

Amazon MQは、Amazon CloudWatchと統合されているため、ブローカー、キュー、トピックスのメトリクスを監視できます。さらに、キューの深さを監視し、アラームを設定することもできます。AWS CloudTrailにも統合されており、Amazon MQ APIコールをログ記録し、継続的に監視することができます。

71-01 AWS MQとEFSでの例

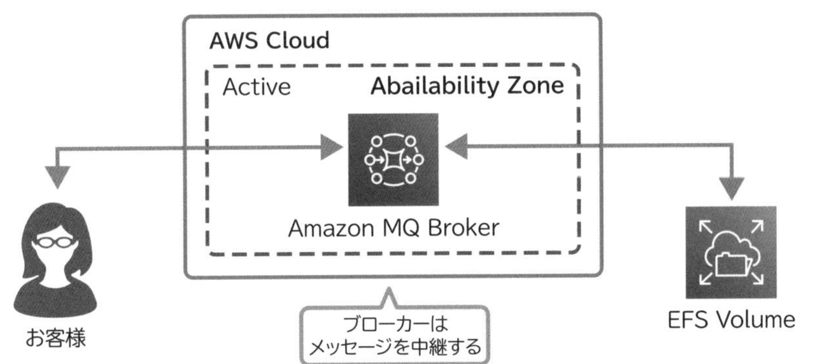

71-02 Amazon MQでメッセージアーキテクチャのイメージ

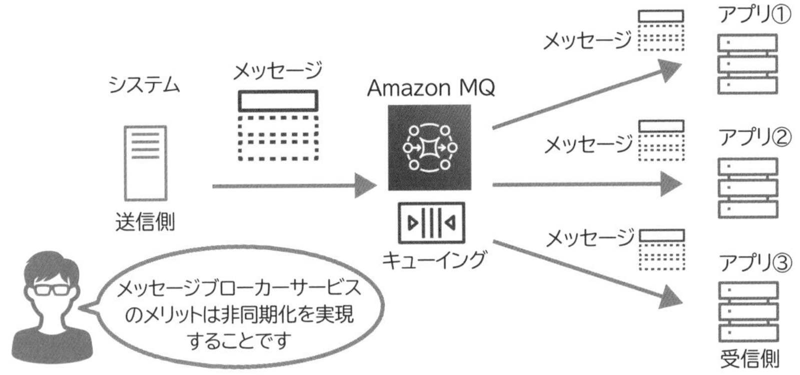

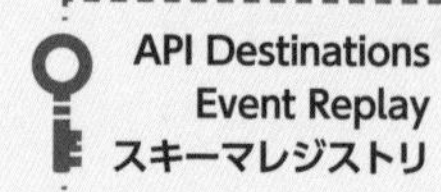

72 Amazon EventBridge

Amazon EventBridge (以下、EventBridge) を使用することで、AWSサービス同士やSaaSとを連携することができます。

Amazon EventBridgeは、イベントを使用することでアプリケーションコンポーネントを接続することができるサーバーレスサービスです。イベント駆動型アプリケーションを簡単に構築でき、自社開発アプリケーション、AWSサービス、サードパーティソフトウェアなどのソースから組織全体のコンシューマアプリケーションにイベントをルーティングできます。また、イベントの取り込みやフィルタリング、変換、配信をシンプルかつ一貫性のある方法で行うことができるため、新しいアプリケーションを素早く構築できます。

● イベント駆動

イベント駆動なアーキテクチャを採用したい場合に、EventBridgeを使用すると、簡単に構築することが可能です。スケールする機能もマネージドで提供されるので管理コストが軽減されます。

● 外部サービスからの統合

外部サービスのSaaSから通知を受け取る場合に使用できます。APIで受け取った場合にデータ量が多くなる場合を考える必要がありますが、EventBridgeでは自動スケールしてくれます。

● 主な機能

●EventBridge スケジューラー

EventBridgeスケジューラーは、簡単にスケジューリングされたタスクを作成、実行、管理できるAWSのサービスです。200以上のAWSサービスをターゲットにして数百万のイベントやタスクをスケジューリングできます。また、クラウド上でスケジュールされたすべてのジョブを一元管理することもできます。

●API Destinations

API Destinationsは、スループット制御機能と認証を備えた機能で、オンプレミス、またはSaaSアプリケーションにイベントを送り返すことができます。ウェブアドレスを使用して、任意のウェブベースのアプリケーションにイベントを送信できます。入力変換を使用してルールを設定することができ、EventBridgeを使用して、セキュリティと配信の管理をすることができます。

●Event Replay

Event Replayは、過去のイベントを再処理する機能で、アプリケーションのデバッグやエラーからの回復などに役立ちます。履歴イベントを使用してターゲットを高速に処理し、アプリケーションを拡張することも可能です。

●スキーマレジストリ

スキーマレジストリにはイベントスキーマが格納され、検索可能な状態になっています。イベントバスのスキーマの検出を有効にすることで、スキーマは自動的に検出され、手動でスキーマを作成する必要がなくなります。

72-01 Amazon EventBridgeでイベントを管理

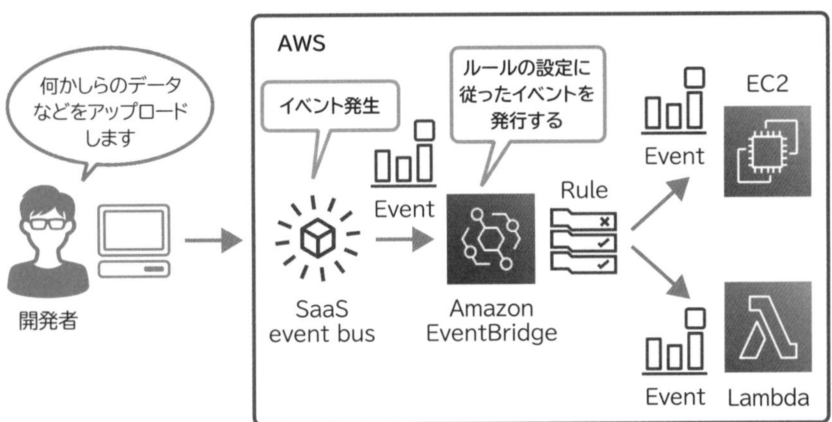

73 AWS Step Functions

AWS Step Functions (以下、Step Functions) は、複数のサービスを実行や整理ができ、すばやくアプリケーションの構築や更新ができるビジュアルワークフローサービスです。

Step Functionsは、様々なAWSのサービスを組み合わせたり、複雑な処理をドラッグ＆ドロップで簡単に作成したりすることができるワークフローサービスです。

ワークフローにより自動的に視覚化されるので、すばやくアプリケーションを構築することも可能になります。またニーズに応じてコンポーネントの交換や再編成が可能です。

● Step Functionsの機能でワークフローを作成

Step Functionsは、条件分岐や並列処理、実行結果の失敗時の処理など、プログラミングに近い処理を設定することができます。

AWSが提供する200以上のサービスをプログラミングすることなくワークフローを自動化することができます。

用途としては、データの抽出、変換、特定のプロセスの自動化、機械学習データの準備などがあります。例えば、銀行口座の開設の認証フローなど作成することも可能です。メンテナンス要員のレベルや構築コストなどを考えて選定するとよいでしょう。

● 主な機能

●処理の可視化

AWS Step FunctionsはAWSサービスを連携し、ワークフローの構築と実行状況の可視化を行うことができ、作業全体の流れを円滑にすることができます。

●アプリケーションの分離

AWS Step Functionsはアプリケーションを疎結合にし、一部のアプリケーションの変更が他のアプリケーションに影響を与えることなく、簡単に変更や修正ができます。

●自動スケーリング

AWS Step Functionsは、ワークロードの変化に応じて自動的にオペレーションやコンピューティング環境を**スケーリング**することができ、利用者はアプリケーション開発に専念できるようになります。

●コンポーネントの再利用

Lambda関数やマイクロサービスをすでに使用している場合、それらを統合することでアプリケーションの新規構築や改修ができます。

73-01 AWS Step Functionを使った例

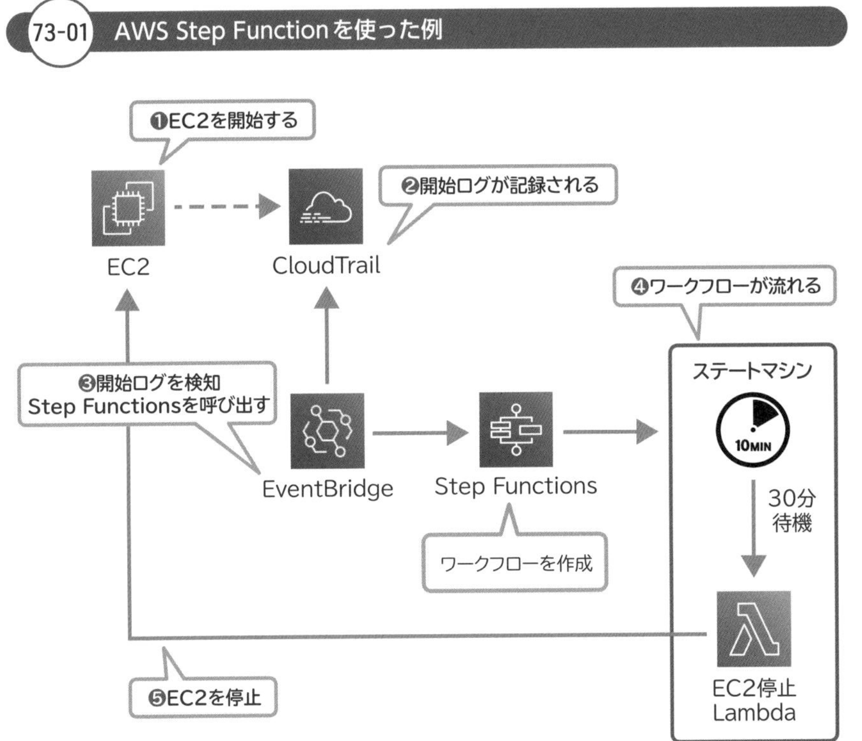

74 Amazon API Gateway

Amazon API Gateway (以下、API Gateway) は、AWSのサービスと接続することができるREST APIやWebソケットを提供します。

Amazon API Gatewayは完全マネージド型サービスで、どんな規模のシステムであっても簡単にAPIの作成、配布、保守、監視、保護ができます。信頼性の高い APIを大規模に稼働できます。面倒な作業を処理する従量制のサービスです。

バックエンドのシステムやデータを API 経由でアプリケーションから利用するのが一般的になっています。

● API GatewayでAPIを管理

システム同士がインターネットを通して通信する場合、通信時に必要な情報をやり取りするには取り決めが必要です。Amazon API Gatewayを使用してLambdaやEC2、DynamoDBなどAWSサービスに接続することで、それらAWSサービスを直接REST APIのように使用することが可能になります。通常、このようなAPIを作成するにはサーバーとプログラムを準備する必要がありますが、API Gatewayではサーバーレスで使用が可能です。面倒な環境構築や運用時の手間などがなく、迅速に実装することができます。

また、サーバーとクライアント間での双方向通信が必要な場合は、API GatewayでWebソケットを設定することもできます。Webソケットを使用することで、チャットボットやリアルタイムで値が変わるダッシュボードなど、クライアントからサーバーへの通信だけではなく、サーバーからクライアントへの通信も行うことができます。

● 主な機能

● API管理

AWSは、API管理に必要な機能を提供しており、ユーザーはこれらの機能を利用することで、APIの管理、運用、バージョン管理、認証、モニタリング、監視などを実施することができます。ユーザーはこれらの機能を利用することができ、自分で実装する必要がありません。

●API作成

AWS API Gatewayでは、REST API、WebSocket API、およびHTTP APIの3種類のAPIを作成することができます。それぞれのAPIタイプによって、外部からのリクエストを転送するバックエンドサービスが異なります。

●REST API

このAPIモデルでは、クライアントがサービスにリクエストを送信すると、サービスはそのリクエストに対して同期します。リクエストを送信してからレスポンスを受け取るまで、クライアントはブロックされ、サービスの応答を待つ必要があります。このAPIモデルは、同期通信するアプリケーションに適しています。

●HTTP API

AWSのAPI Gatewayは、REST APIよりも低いレイテンシーとコストでAWS LambdaやHTTPエンドポイントなどのAWSのサービスを使用することができます。

●WebSocket API

REST APIとは異なり、双方向通信をサポートし、クライアントとサーバーが相互にメッセージを送信できます。

74-01 API管理が便利

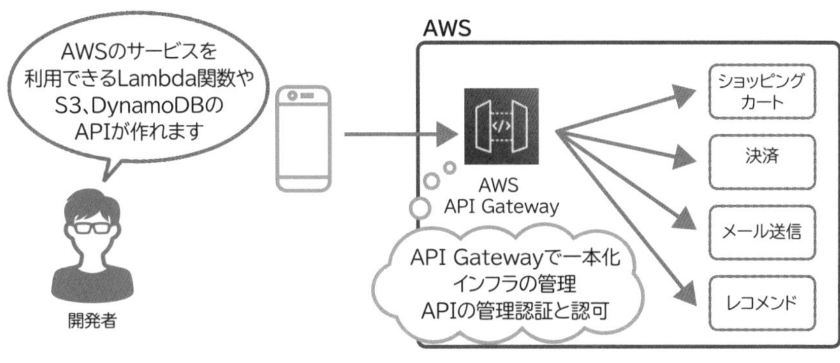

75 AWS AppSync

AWS AppSyncとは、サーバーレスのGraphQL*およびPub/Sub APIを作成するサービスです。API Gatewayと似たサービスではありますが、API Gatewayと異なり、GraphQLインターフェースを使用したAPIを作成できます。

AWS AppSyncは、データソースのデータに安全にアクセスできると共に操作・結合するための API が作成できる完全マネージド型サービスです。アプリケーションの開発が簡素化でき開発スピードが上がります。Amazon DynamoDB や AWS Lambda、その他のデータソースとの安全な接続に必要な、面倒な作業を自動的に処理してくれます。パフォーマンスを向上させるためのキャッシュや、リアルタイムの更新をするためのサブスクリプション、オフラインのクライアントを同期できるようにするクライアント側のデータストアなどが利用できるようになります。

● 主な機能

●GraphQL

GraphQLはクライアントが返されるデータの構造を指定できるため、必要なデータだけを取得できます。また、自己観察機能によりバックエンドの知識がなくても利用可能なデータを見つけることができます。

●キャッシュ

頻繁に変更されないデータをキャッシュすることでパフォーマンスを向上させます。サーバー側のデータキャッシング機能により、高速インメモリ管理キャッシュを使用してデータを配信し、データソースにアクセスする回数を減らします。

●オフラインでのデータ同期

Amplify DataStoreは、ウェブ、モバイル、IoT開発者向けのオンデバイス

＊**GraphQL**：Facebookが開発したAPIのためのクエリ言語およびランタイムのこと。

DataStoreで、クエリ可能でローカルファーストのプログラミングモデルを提供しています。これにより、シームレスにデータをやりとりすることができます。

●リアルタイムのデータ更新

GraphQLのサブスクリプションを使うことで、リアルタイムで更新したいデータの部分を指定し、クライアントやデバイスにすぐに反映させることができます。これにより、すばやく更新されたデータを利用できます。

●サブスクリプションフィルター

サブスクリプションフィルタリング機能には、フィルタ演算子やサーバーサイドフィルタリング、サブスクリプション無効化のトリガー機能が含まれます。これらの機能を利用することで、アプリケーションのパフォーマンスやユーザーエクスペリエンスを改善することができます。

●シンプルな Pub/Sub API

PubSub APIウィザードを使用すると、エフェメラルAPIをセットアップできます。これにより、チャネルに発行されたメッセージを受信し、サブスクライブしているクライアントにメッセージを配信することができます。

●データ制御

アプリケーションの要件に合わせて、データアクセスや許可に複数のレベルを設定できます。さらに、シンプルなアクセスについてはキーによる保護も可能です。

75-01 AGraphQLとPub/Subの例

AWSAppSyncで
容易にGraphQL API
を構築が可能です
開発者
AWS
AWS
AppSync
GraphQL
API
複数のデータベースや
マイクロサービス、
APIにクエリを実行できる
Pub/Sub
API
WebSocket接続して、
サブスクライブしている
APIクライアントへ
データ更新を発行できる

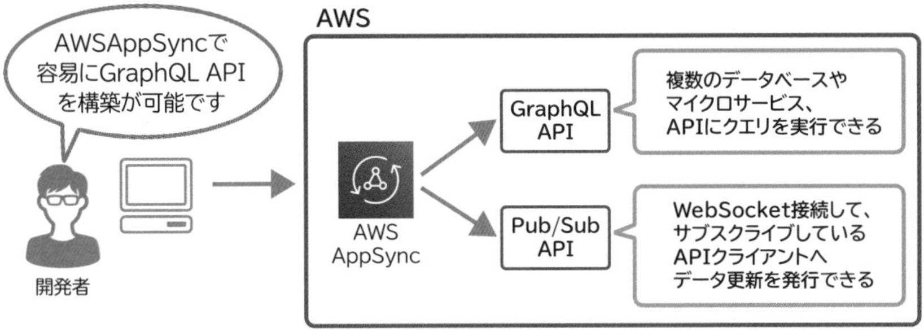

76 Amazon SES

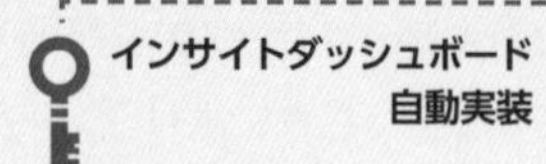

Amazon Simple Email Service (以下、SES) はメール送信機能を提供します。送信専用のサービスで、受信はできません。大量のメールを正確かつ迅速に配信することが可能です。

SESの代表的な使用のユースケースはメールマガジンで、メール配信をする場合や、Webサービスのメール認証機能、完了メールの送信などがあります。

SESでは、複数の受信者に送信する予定のメール構造を作成したり、将来、再び使用する電子メールの構造を作成するなど、複数のパターンのテンプレートを構築できます。各テンプレートの、件名、テキスト部分、およびHTMLなどの変更ができます。

件名と電子メールの両方に対して、各受信者に固有の値に自動的に置き換えられる変数を含めカスタマイズすることが可能ですので、より柔軟な形のメール配信が可能です。

● 主な機能

●インサイトダッシュボード

Amazon SESでは、配信可能性インサイト機能により、Eメールの送信状況を把握することができます。SESコンソールで確認できるバウンス率、開封数、クリック数、ISPレベル、および設定レベルでの配信可能性など、送信および配信データに関するレポートを提供します。これにより、送信者は自社のEメール配信性能を把握し、必要に応じて改善することができます。

●自動実装

Amazon SESには、配信可能性の最適化に関する更新を自動的に実行するオプションがあります。送信者はこれを許可することができます。SESは、改善の機会を検出するとシステムが変更を実行し、モニタリングや手動での調整が必要ありません。つまり、SESは自動的にEメール配信パターンを最適化して配信可能性を向上させます。

76-01 SESでメール機能を構築

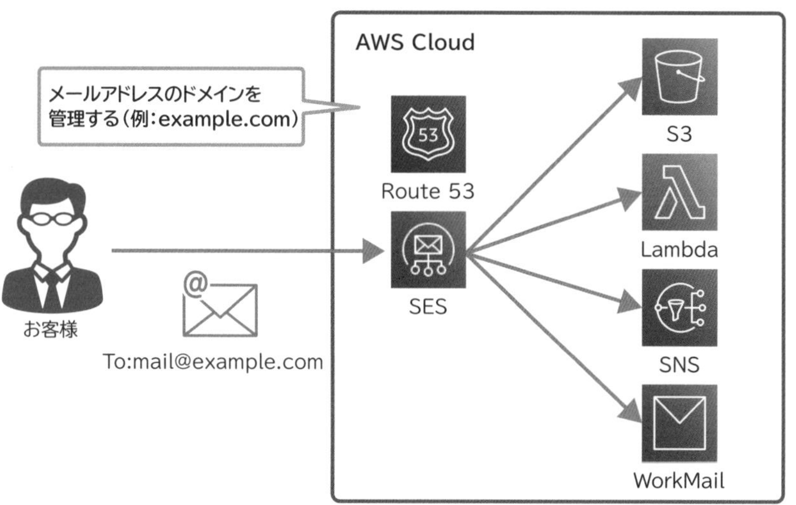

76-02 メール受信システムの例

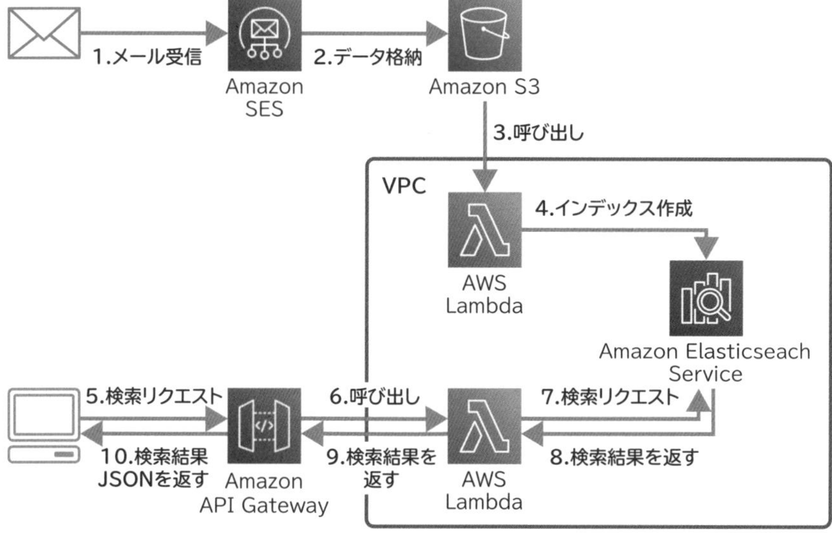

09 ビジネス関連サービス

●送信者 ID 管理とセキュリティ

Amazon SESは、業界標準の認証メカニズムであるDKIMやSPF、DMARCをすべてサポートしています。これにより、ISPはEメールを受信する前に認証をチェックし、送信元の信頼性を確認できます。

また、Amazon SESは、AWS PrivateLinkを搭載したVPCエンドポイントを介してSMTPエンドポイントに接続できるようになりました。これにより、セキュアなアクセスが可能になり、VPC内のインターネットゲートウェイを必要としなくなりました。

●レピュテーションダッシュボード

Amazon SESコンソールにはレピュテーションダッシュボードがあり、Eメールの配信に影響する問題を追跡できます。このダッシュボードでは、バウンスやフィードバックループなどの問題を追跡し、通知を受信することができます。また、このダッシュボードで収集された情報は、Amazon CloudWatchに自動的にパブリッシュされ、CloudWatchを使用して通知を受け取ることができます。これにより、問題が発生した場合にすぐにアクションを実行できます。

●メールボックスシミュレーター

Amazon SESのメールボックスシミュレーターを使用することで、送信者の評価に影響を与えることなく、アプリケーションがバウンスや苦情などのシナリオをどのように処理するかを簡単にテストできます。テスト用のEメールを特定のアドレスに送信するだけで、正常な配信やハードバウンス、不在時の応答、フィードバックなどをシミュレートできます。

Point SESの注意点

バウンス率とかバウンスメール対策という言葉があります。送信先がない場合にエラーが返ってきて正常に配信できなかったメールをバウンスメールといっており、SESではバウンス率が一定の数値を超えるとサービスが使えなくなります。エラーになってるメールを送らないようにするなどして対策をする必要があります。

10

分析サービス

データ分析をするためのサービス、画面上にデータを可視化して表現できるサービス、定期的なデータの移動やワークフローによる自動実行などを説明します。特に、Amazon QuickSightやAmazon Elastic MapReduce、AWS Glue、AWS Data Pipelineを説明します。

77 Amazon QuickSight

Amazon QuickSight は、クラウド規模のビジネスインテリジェンス (BI) サービスで、共に仕事をする人に彼らがどこにいてもわかりやすいインサイトを提供することができます。Amazon QuickSight はクラウド内のデータに接続し、様々なソースのデータを結合します。

Amazon QuickSight は、クラウド規模のビジネスインテリジェンス (BI) サービスで、共に仕事をする人に彼らがどこにいてもわかりやすいインサイトを提供することができます。Amazon QuickSight はクラウド内のデータに接続し、様々なソースのデータを結合します。

通常、ビジネスの意思決定に使用する分析データを得るには、様々な処理が必要です。データ分析環境の構築に始まり、データの前処理や分析、グラフへの適用などの作業をする必要があります。Amazon QuickSightはそれらの作業を簡単に行えるように様々な機能をサーバーレスで提供しています。

企業に蓄積されたデータを分析して、企業活動で活かせるように可視化でき、様々なアプリケーションに組み込むことで、より高度なデータ解析もできます。

BIツールとは「ビジネスインテリジェンスツール」の略で、蓄積されたデータを分析して可視化を行うツールのことです。分析されたデータはビジネスでの意思決定の一助とするために使用されます。

AWSのストレージサービスやデータベースサービス、他のクラウドサービスやオンプレミスサーバーなどと接続することが可能です。AWSの各種サービスとの連携も可能でRDSやRedshiftへのVPC接続、S3とAthenaを使用したサーバーレスでのデータ探索、SageMakerでの機械学習の使用などが可能です。

エンドユーザーはカスタムしたダッシュボードを確認することが可能で、レポートやアラートの情報をメールで配信することもできます。また、外出先でもiOS、Androidの専用アプリから確認することが可能です。

料金は機能によって料金体系が異なります。Standard Editionの場合は月額料金がかかります。Enterprise Editionの場合は月額料金に加えて閲覧したユーザーごとの料金がかかります。

● 主な機能

●可視化

AWSのビジュアル機能は、グラフ、チャート、テーブルなどのビジュアル表現でデータを表現することができます。ビジュアルは自動的に作成されるAutoGraphモードで開始され、選択したフィールドに合わせたビジュアルが作成されます。

●データソースとの統合

AWSが提供するデータソースに対応しているため、特殊なデータソースでなければ既存のデータソースを使用してサービスを開始できます。

●データ共有

ダッシュボード上で指定したユーザーに分析結果を共有でき、データを通じてストーリーを伝えて「気づき」を共有することができます。

77-01 QuickSight画面例

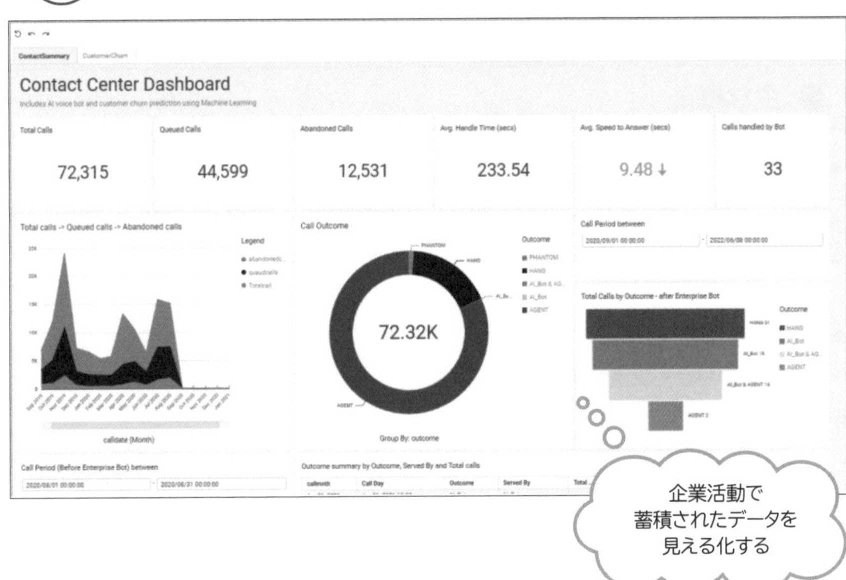

78 Amazon Elastic MapReduce

Amazon Elastic MapReduce(以下、EMR)は、Apache Spark、Hive、Prestoなどのビッグデータを扱うフレームワークを実行することができるサービスです。

今日では、様々な技術の発達により**ビッグデータ**と呼ばれる膨大なデータが収集・蓄積されています。しかし、データを保存するストレージやデータベースで扱えるデータサイズには限界があり、ビッグデータを使用する場合は通常のアプリケーションのようにデータを扱うことができません。そのような場合、複数のサーバーにデータを分散させて保存し、分散した計算リソースで分析を行うことがあります。そのような分散処理を行うための**フレームワーク**や**クエリエンジン**としてApache Spark、Hive、Prestoなどがあります。EMRはそれらのフレームワークを利用したマルチクラスターを簡単な設定で実装できます。

またEMRで作成した分散基盤での分析をする総合開発環境のEMR Studioが用意されており、開発や可視化、デバッグなどを行うことができます。

料金は使用した一秒ごとの時間とノード数を元に計算されます。

● 主な機能

●セットアップ

AWSコンソール、またはAPIを使用して、Amazon EMRクラスターを簡単に設定、および起動することができます。

●スケーラビリティ

クラウドのリソースを自動的に拡張、および縮小して、大規模なデータセットの処理ができます。

●様々なフレームワークのサポート

Apache HadoopやSpark、Presto、Hiveなどの一般的なオープンソースフレームワークをサポートしています。

●**ストレージの統合**

Amazon S3、Amazon DynamoDB、Amazon RDSなどの一般的なストレージソリューションと統合されています。

●**セキュリティ**

AWS Identity and Access Management (IAM)、およびAmazon Virtual Private Cloud (VPC) などのAWSセキュリティ機能をサポートしています。

●**オンデマンド価格とリザーブド価格**

オンデマンド価格とリザーブド価格の両方を提供しており、ユーザーは自分のビジネスニーズに応じて最適な価格オプションを選択することができます。

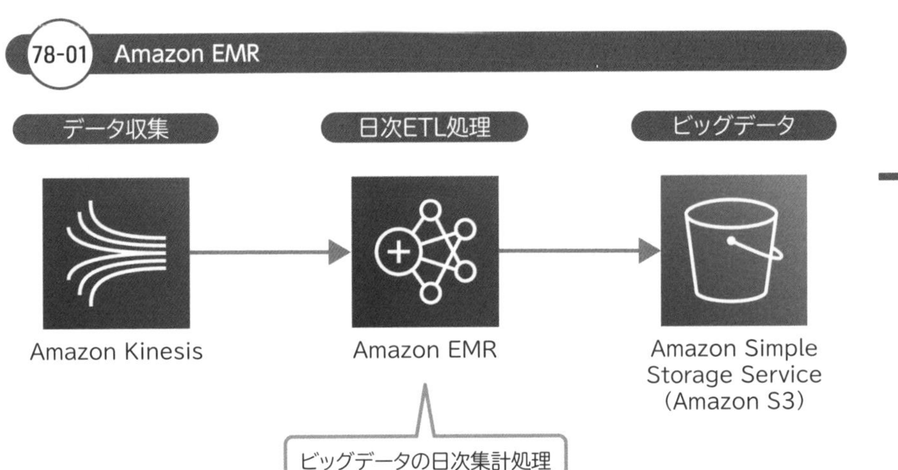

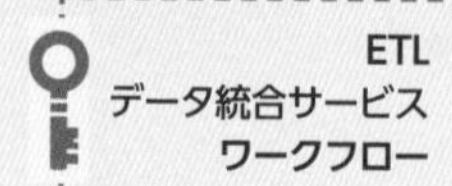

AWS Glue (以下、Glue) はAWSのサービスに保存しているデータを抽出、変換、書き出しを行うサーバーレスのETL＊サービスです。

Glueは、ユーザーが分析を行うときに複数のソースからデータを検出し、統合できるようにするサーバーレスの**データ統合サービス**です。アプリケーション開発でも使用でき、様々なツールが追加されているため柔軟な対応ができます。

機械学習やデータ分析、アプリケーション開発などで必要なデータを複数のソースからデータを検出、準備、移動、統合を容易に行えるようにします。また、データ統合に必要な様々な機能を備えています。

AWSを使用してシステムを構築して運用すると、様々なアプリケーションで様々なデータを扱うことになり、S3やRDS、Redshift、EC2の上に作成したDBなどの様々な形式のデータが蓄積されていきます。それらのデータのうち必要なもののみを抽出し、変換、書き出しなどを行うのは面倒、かつ複雑な作業です。GlueはAWSのデータソースをクロールしてメタデータを作成し、作成したメタデータを元にユーザーがジョブを定義し、ジョブに基づいてデータの操作を行います。ユーザーはデータの変換や加工に対してGlueを通した簡単な操作を行うのみなので、作成コストの削減や分析作業の簡易化ができます。

Glueのジョブは様々な設定が可能です。新しいデータが入力されるとジョブを実行するイベント駆動の設定やGlue Studioを使用したノーコードで視覚的にジョブの作成や実行、モニタリングなどができます。

料金はデータの検出を行うためのクローリングとジョブを実行していた時間を基準に算出されます。

Glueはデータ分析時の各種AWSサービスとの連携を一括で管理してくれるため、エンジニアはETLジョブの作成や監視といった付加価値の高い作業に専念できるというメリットがあります。

＊**ETL**：Extract (抽出)、Transform (抽出)、Load (書き出し) の略で、データベースやシステムからデータを整形してデータウェアハウスへ保存する作業のこと。

主な機能

●ETLジョブ

Glueは、データソースから必要なデータを抽出し、DWHにデータを連携するETLサービスです。サーバーレスの実行エンジンでデータ変換ジョブを実行できます。

●データカタログ

Glueのデータカタログには、データの場所やスキーマなどの情報が保存されており、ETLジョブのデータソースやターゲットとして使用することができます。

●クローラ

データレイク内のデータを自動的に検出し、データカタログにメタデータを登録・更新する機能であり、定期実行によってスキーマの自動更新も可能です。また、機械学習を使用してスキーマを推定することもできます。

●ワークフロー

Glueでは、ETLジョブやクローラ、データカタログ出力の一連の処理を自動化するために、ワークフローの機能が提供されています。この機能により、複数のクローラ、ジョブ、およびトリガーを伴う複雑なETLのアクティビティを作成し、可視化することができます。

79-01 AWS Glueで前処理

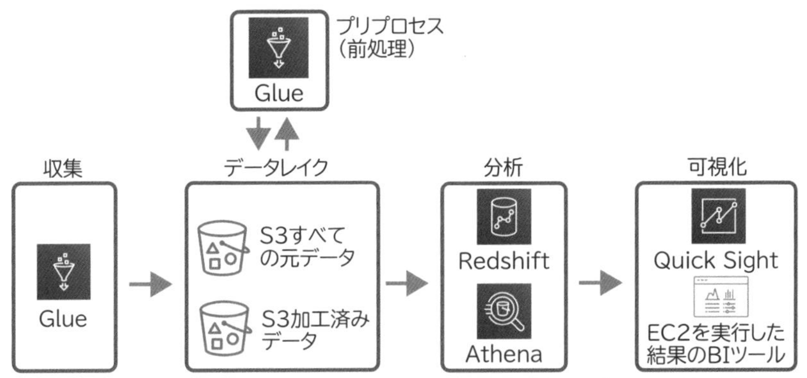

出典：アマゾン ウェブ サービス ジャパン「ETLをサーバーレスで実現する新サービス AWS Glue」より

80 AWS Data Pipeline

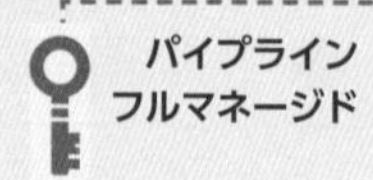

AWS Data Pipeline (以下、Data Pipeline) は、指定された間隔でAWS の様々なコンピューティングサービスやストレージサービスのほか、オンプレミスのデータソース間で信頼性の高いデータ処理やデータ移動を支援するWebサービスです。

● Data Pipelineの機能でデータ加工

S3やRedshift、DynamoDB、RDS、オンプレミスやEC2上に構築されたデータベースにある様々な種類のデータをAWSのデータストレージやデータベースへ定期的にコピーやSQLクエリの実行などができます。

耐障害性があり、繰り返しが可能で、高可用性を備えた、複雑なデータ処理ワークロードを簡単に作成できます。リソースの可用性の保証、タスク間の依存関係の管理、タスクごとの一時的な失敗による再試行やタイムアウト、失敗通知システムの作成などについて心配することはありません。

送信元のデータはS3やDynamoDB、Redshift、オンプレミスやEC2上に作成されたデータベースなどから送ることが可能です。また、1台のマシンに送る場合も多数のマシンに送る場合も作業は簡単です。Pipeline実行時に、データベースに対するSQL クエリの直接の実行、またはAmazon EC2やユーザーのデータセンターで稼働するカスタムアプリケーションの実行などのアクションを取ることも可能です。

料金は1日1回よりも多い頻度で実行される場合は高頻度アクティビティとして、それ以下の場合は低頻度として料金が算出されます。

● 主な機能

● パイプライン作成

DataPipelineでは、ドラッグ&ドロップでパイプラインが作成でき、前提条件が組み込まれているため、ロジックの記述が不要です。例えば、S3バケット名とファイルパスを入力するだけで、ファイルの存在確認などの作業が自動で行われます。

●スケーラブル

何千万ものファイルを同時に処理可能で、1つのファイルを処理するのと同じくらい簡単に行うことが可能です。

●透過的

DataPipelineでは、パイプラインで発生したイベントの実行ログが自動的にAmazon S3に送信され、永続的で詳細なレコードを取得することができます。

●豊富な機能

Data Pipelineは、スケジュール設定や依存関係の追跡、エラー処理など、多くの機能を備えています。また、Amazon EMRジョブやSQLクエリの実行など、複雑な処理を容易に実行できます。これにより、データ処理や分析を迅速かつ容易に行うことができます。

●フルマネージド

Data Pipelineは、データの処理や移動に必要な基盤やソフトウェア、スケジューラ、管理などの準備が必要ありません。フルマネージドサービスなので、手間をかけることなくデータ処理や分析を行うことができます。

80-01 Amazon Data Pipelineのログの収集と分析の例

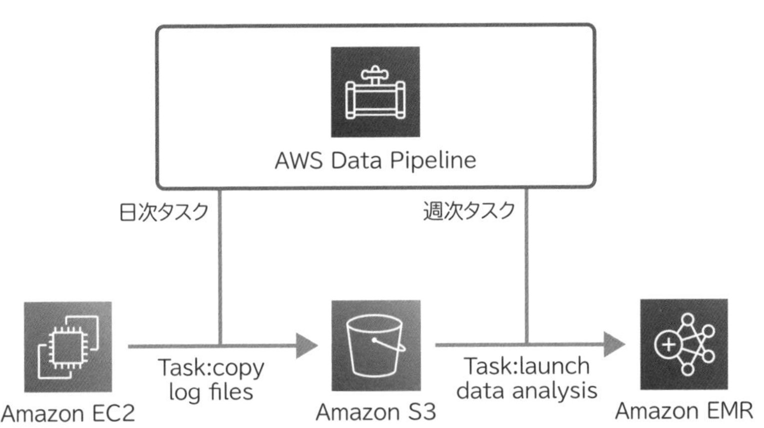

MEMO

11

デベロッパー関連サービス

開発環境に便利な機能、デプロイの自動化に便利なサービス、データの移行や転送のサービスについて説明します。特に、AWS Cloud9、Amazon Codeシリーズ、AWS Direct Connect、AWS DataSyncなどを説明します。

81 AWS Cloud9

総合開発環境
ペアプログラミング
リビジョン機能
リアルタイムプレビュー機能
プライベート機能

AWS Cloud9（以下、Cloud9）はブラウザのみでコードを記述実行デバッグできるクラウドベースの総合開発環境です。利用環境を選ばず、ブラウザさえあれば、どのPCからも同じ環境でプログラミングができます。

Cloud9の機能

ローカル環境での開発環境構築は、使用言語やSDK、IDEなどの準備に時間がかかります。Cloud9は様々なプログラミング言語やAWSサービスの使用で必要になるSDK、ライブラリ、プラグインなどがアプリケーションを提供しており、AWSを利用したシステムの開発環境を簡単に準備することができます。また、Cloud9の画面からEC2インスタンスAWSへ接続や、Lambdaの関数のデバッグなどAWSでの開発を効率よく行う機能が充実しています。

複数のIAMアカウントで同時にアクセスしてファイルの編集やチャットをすることができるので、リモートでの**ペアプログラミング**も可能です。また、ファイルの改定履歴を保持しているので、過去に行ったコードの変更にアクセスすることができます。

主な機能

●リビジョン機能

リビジョン機能は、ソースコードの過去のバージョンを時系列に沿って確認できる機能です。これにより、コードの変更履歴を見ることができるため、コードの解析や処理の追跡などに役立ちます。過去の変更履歴を確認することで、コードの改善や問題の解決にも役立ちます。

●共有機能

共有機能を使うことで他の人にコードを共有して見てもらうことができます。これにより、自分で解決できないエラーが出た場合に、エラーメッセージだけでなくコード全体を共有することができ、他の人から回答を得やすくなります。

●リアルタイムプレビュー機能

リアルタイムプレビュー機能は、コードを入力すると同時に、その変更が反映された結果を即座に表示する機能です。追加したコードや修正した部分がどのように見えるかをすぐに確認できるため、開発作業の効率化につながります。特別な設定は必要ありません。

●プライベート機能

Cloud9では1つのプライベートなワークスペースしか使えず、無料プランのHD容量は1GBまで使用可能です。

81-01 Cloud9の編集画面

ブラウザ上で
コードの記述や
実行ができる
統合開発環境
（IDE）です

81-02 Cloud9の仕組み

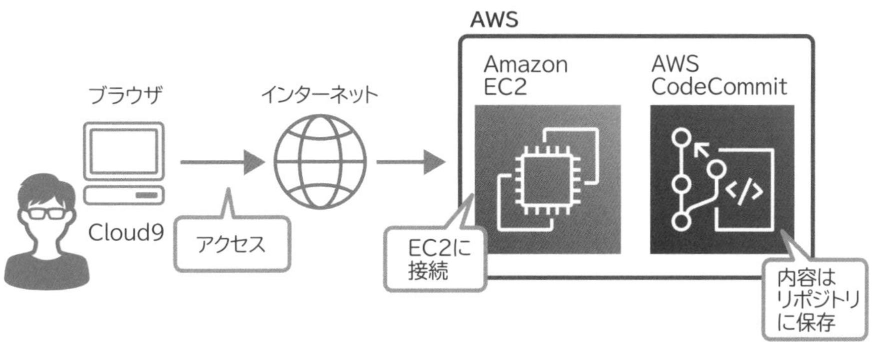

82 AWS Codeシリーズ

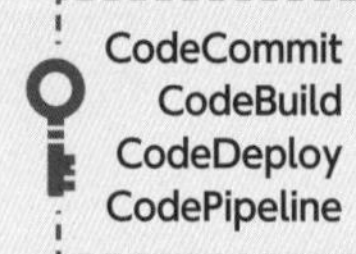

AWSサービスを使用したアプリケーションを迅速に開発するために必要な機能をまとめたサービスです。アプリケーション開発の環境構築からビルドやテスト、デプロイまで管理します。

開発環境は用意されているプロジェクトテンプレートを選択すると簡単に構築できます。開発メンバーの権限はIAMによって制限することができます。

Git形式でソースコードを管理するAWS CodeCommitや、設定されたビルドコマンドを自動で実行するAWS CodeBuild、CI/CDで発生する作業をワークフロー化し実行するAWS CodePipeline、アプリケーションのデプロイを自動化するCodeDeployや、コミットやビルドの成否などのイベントを通知する機能など、様々な機能を備えています。CodeStarに対する料金は発生せず、CodeStarを通して使用したAWSサービスに対して料金が発生します。AWS Codeは4種類あり、それぞれに役割と機能があります。

● AWS Codeの機能

●CodeCommit

CodeCommitは、プライベートGitリポジトリをホストする、高度にスケーラブルなマネージド型のソース管理サービスです。CodeCommitを使用することでインフラストラクチャのスケーリングに関する問題を解決し、お客様は自分自身でソース管理システムを管理する必要がなくなります。Gitの標準機能がサポートされており、既存のGitツールをシームレスに使用することができます。コードやバイナリなどが保存できます。

●CodeBuild

AWS CodeBuildは、クラウドで動作する完全にマネージドされたビルドサービスであり、ソースコードをコンパイルし、単体テストを実行して、すぐにデプロイ可能なアーティファクトを生成します。Apache Maven、Gradleなどの一般的なプログラミング言語とビルドツール用のパッケージ済みのビルド環境を提供し、ビルド環境をカスタマイズして独自のビルドツールを使用することもできます。また、ピーク時のビルドリクエストに合わせて自動的にスケーリングします。

●CodeDeploy

CodeDeployは、Amazon EC2インスタンスやオンプレミスインスタンス、サーバーレスLambda関数、またはAmazon ECSサービスにアプリケーションを自動的にデプロイするサービスです。CodeDeployサーバーは、Amazon S3バケット、GitHubリポジトリ、またはBitbucketリポジトリに保存されたアプリケーションコンテンツをデプロイできます。既存のコードを変更することなくCodeDeployを使用できます。

●CodePipeline

AWS CodePipelineは、ソフトウェアリリースのプロセスのステップを自動化するための継続的な配信サービスです。CodePipelineを使用すると、異なるステージのソフトウェアリリースのプロセスをモデル化して自動化できます。様々なステップを組み合わせて、ソフトウェアのリリースを自動化できます。

82-01 AWS Codeシリーズ

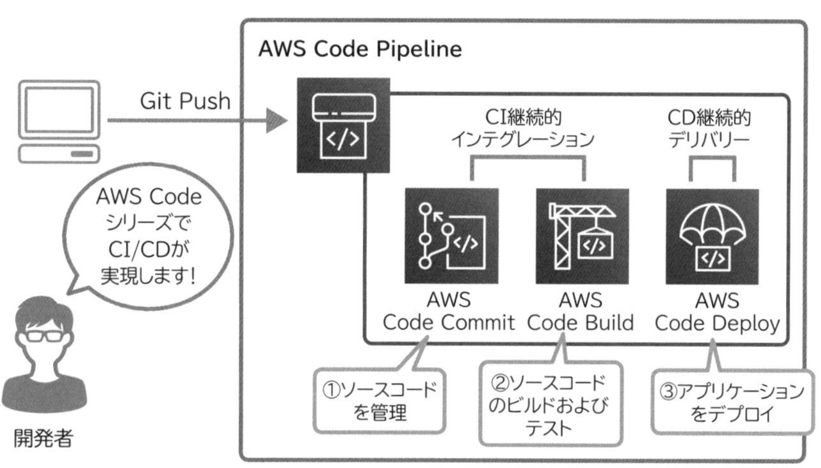

83 AWS Direct Connect

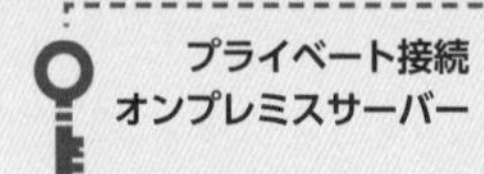

AWS Direct Connectは、AWSと自社の拠点をインターネットを経由しないでプライベート接続（専用接続）するサービスです。安定した可用性と接続速度でAWSとオンプレミスサーバーの連携が可能になります。

ユーザーのネットワーク環境からAWSまでインターネットを経由せずに、プライベートな接続を確立することができる接続専用サービスです。

この接続を使用すると、Amazon S3 などの AWS のパブリックサービス、または Amazon VPC に対する仮想インターフェイスを直接作成できるため、ネットワークパスのインターネットサービスプロバイダーを回避することができます。

● 主な機能

●AWS Direct Connect ロケーション

AWS Direct Connectは、世界中の様々なロケーションで利用でき、必要な場所の近くで接続を確立できます。ただし、MACsecや100 Gbpsの接続などの一部の機能は、特定のロケーションでのみ使用ができます。

●接続速度は最大100Gbps

AWS Direct Connectは、50Mbps～100Gbpsまでの高速な接続速度を提供しており、必要な速度に応じてスケーリングができます。

●MACsec 、IPsec 暗号化オプション

AWS Direct Connectは、複数の暗号化オプションを提供し、データセンター、ブランチオフィス、またはコロケーション施設間の通信を保護します。

●SiteLink

AWS Direct Connectを使用してグローバルネットワーク内のオフィス、データセンター、およびコロケーション施設間でエンドツーエンドのネットワーク接続を作

83-01 AWS Direct Connectで専用線をつなぐ

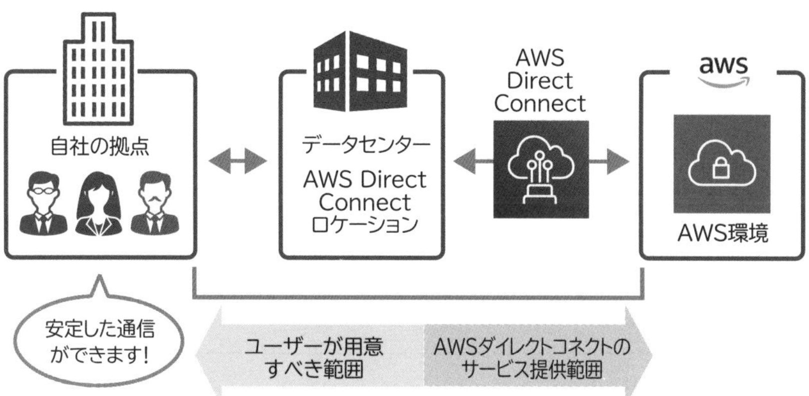

83-02 サーバー同士を接続

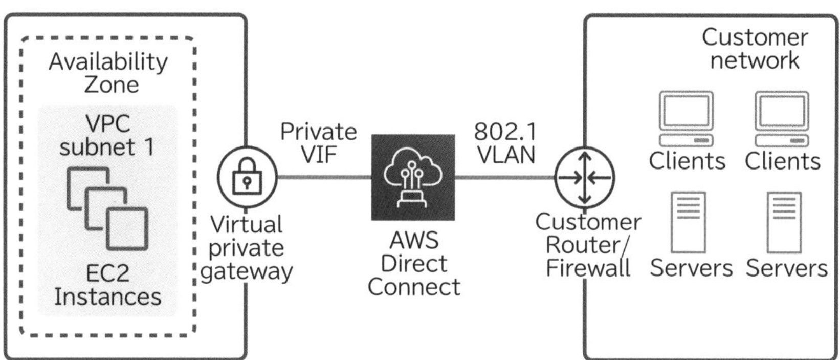

Point AWS Direct Connectのメリット

- AWSのセキュリティ機能を利用することで、さらにセキュリティを強化できる
- 1Gbps、10Gbps、100Gbpsといった高速な接続ができ、大量のデータを高速に転送できる
- 従量制課金なので必要な分だけ接続時間に応じた課金がされる
- アプリケーションのパフォーマンスが向上する

成し、AWS Direct Connectロケーション間でSiteLink機能を設定することができます。

●複数のデプロイオプション

AWS Direct Connectでは、専用接続によってAWSとリンクを確立し、1 Gbps、10 Gbps、100 GbpsのEthernetポートを使用して通信速度をスケーリングできます。AWS Direct Connectパートナーは、AWSとの間で確立済みのネットワークリンクを使用して、最大10 Gbpsまでの通信速度でホストされた接続を提供できます。

● セキュリティが高い

システム運用時、利用者が扱うデータの中には社外に出せないものがあります。それらのデータをAWSで扱うには、セキュリティやネットワークの問題があり非常に手間のかかる作業を要します。AWS Direct Connectは内部ネットワークをAWS Direct Connectロケーションに、標準のイーサネット光ファイバケーブルを介して接続するサービスです。

● 安定した通信速度

転送されるデータを公開ネットワークに接続しないので、予期しないレイテンシが発生することを防げます。暗号化オプションを使用することで安全な接続も可能です。接続速度は利用料金次第で50 Mbpsから100 Gbpsまで速度をスケールアップして利用できます。

● データ転送量(送信)料金が割安

料金はデータ転送の最大レート、AWSと接続しているポート時間、AWSから転送されるデータ量から算出されます。

●利用料金

接続時間	接続した時間に応じて従量課金される
転送量	転送されたデータ量に応じて従量課金

(例) 1GBあたりの料金:0.285 USD/時間

84 AWS DataSync

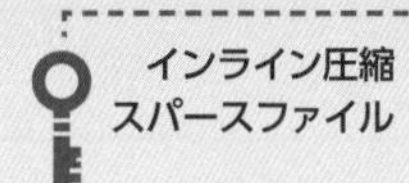

AWS DataSync (以下、DataSync) は、オンプレミスサーバーや他のクラウドのファイルデータを、AWSのストレージサービスへ転送する作業を自動化するサービスです。また、AWSのストレージサービス間での転送もできます。

● DataSyncでデータを転送

データ転送には、専用のネットワークプロトコルが使用されます。このプロトコルでは、**インライン圧縮***や**スパースファイル***の検出などの最適化やデータ検証、暗号化などが行われて高速にファイルの移行が行われます。また、DataSyncにはデータ転送のスケジューリング機能があり、定期的に転送先と転送元の差分を確認してコピーすることができます。

DataSync Discoveryは最適なデータの転送を行うために接続したファイルサーバーの使用状況や性能をスキャンし、AWSへ移行する場合に適したストレージサービスと設定をレコメンドします。

料金は使用したリージョンごとに決められた金額と転送したデータ量に基づき算出されます。

AWS間でのデータセット移行をアクティブに行うことができ、処理や分析を目的としてデータをクラウドに転送したり、ビジネスの継続性を確保するためにデータを複製したりすることができます。

* **インライン圧縮**：データを書き込む過程で圧縮すること。
* **スパースファイル**：特殊なファイルで、作成された時点では領域を確保しないで、使用した時点で領域を確保するファイルのこと。

● 主な機能

●Discovery

AWSは、オンプレミスのストレージのパフォーマンスや使用状況を可視化し、Amazon FSx for NetApp ONTAP、Amazon FSx for Windows File Server、Amazon Elastic File System (EFS) などのAWS Storageサービスにデータを移行するためのレコメンデーションを提供することで、AWSへのデータ移行を簡素化することができます。

●データ移動

AWSストレージサービスとオンプレミスのストレージ、エッジロケーション、他のクラウド間での大量データの転送を、簡素化、自動化、高速化することができます。

●専用ネットワークプロトコル

AWSの転送サービスは、ストレージプロトコルとAWS設計の転送プロトコルを使用してデータを移動します。

●帯域幅の最適化

このサービスは帯域幅を最適化するために、制御機能を備えています。具体的には、業務のない時間帯に転送速度を最大10Gbps に調整し、他の場所でネットワークの可用性が必要な場合には制限することができます。

●データ転送スケジューリング

AWS DataSyncには、スケジューリング機能が組み込まれており、データ転送タスクを定期的に実行して、変更を検出して自動的にコピーできるようになっています。AWS DataSyncコンソール、またはAWS CLIを使用して、簡単にタスクをスケジュールすることができます。

●データ暗号化

DataSyncにおけるデータの転送には、Transport Layer Security (TLS) が使用され、すべてのデータが暗号化されます。また、DataSyncはAmazon S3バケットのデフォルトの静止中の暗号化の使用をサポートしています。

84-01 AWS DataSyncでデータを転送

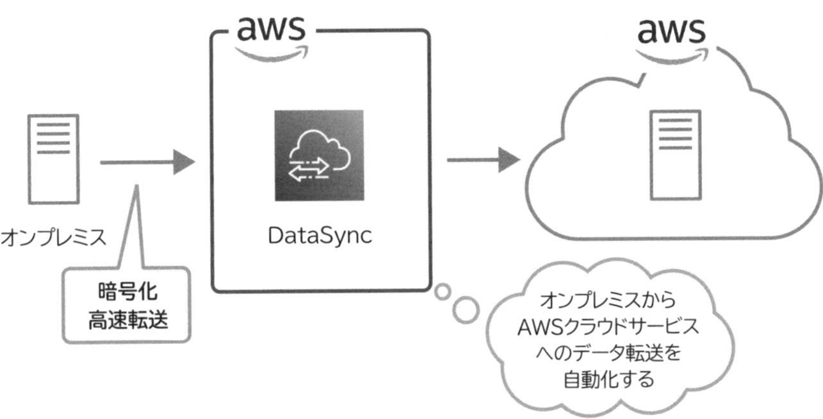

84-02 定期的なデータ転送の例

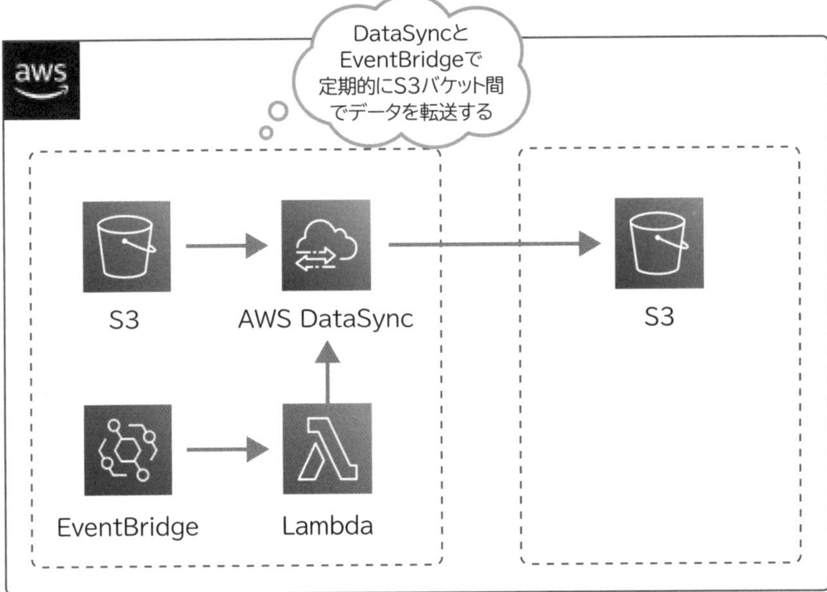

MEMO

12

ブロックチェーンサービスとIoT

　ブロックチェーンをマネージドにするサービス、IoT関連で提供されるサービスについて説明します。特に、Amazon Managed Blockchain、AWS IoT Core、AWS IoT Greengrassについて説明します。

85 Amazon Managed Blockchain

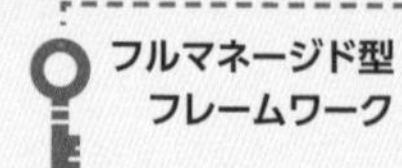

Amazon Managed Blockchainは、一般的なオープンソースフレームワークであるHyperledger FabricやEthereumを使用して、スケーラブルなブロックチェーンネットワークの作成と管理ができるフルマネージド型のサービスです。

Managed Blockchainは、Hyperledger FabricやEthereumなどのオープンソースブロックチェーンフレームワークを使用して許可型のブロックチェーンネットワークを簡単に作成し、管理できます。数回のクリックでスケーラブルなブロックチェーンネットワークをセットアップし、自動的にスケールすることができるのです。

Managed Blockchainは、ネットワークの作成に必要なオーバーヘッドを削減し、新しいメンバーを簡単に招待して参加させることができます。また、コンピューティング、メモリ、ストレージリソースなどを追跡し、管理することもできます。

ネットワークの作成に必要とされていたオーバーヘッドを削減し、無数のトランザクションを実行している何千ものアプリケーションからの要求に対処できるよう、自動的にスケールします。

● 主な機能

●フルマネージド型

Managed Blockchainを使用すると、追加設定をすることなく数分でブロックチェーンネットワークを起動できます。AWSマネジメントコンソールを使用して、ネットワークメンバーシップを設定し、ブロックチェーンピアノードを起動できます。また、他のAWSアカウントをネットワークに招待することができます。

●フレームワークの選択

Managed Blockchainでは、Hyperledger FabricやEthereumなどの2つの一般的なブロックチェーンフレームワークが用意されており、ユーザーは自分のニーズに最適なフレームワークを選択することができます。

85-01 Amazon Managed Blockchainブロックチェーンを管理

暗号資産
開発者
インターネット
AWS Managed Blockchain
Hyperledger FabricやEhtereumを使ったブロックチェーンを構築できます

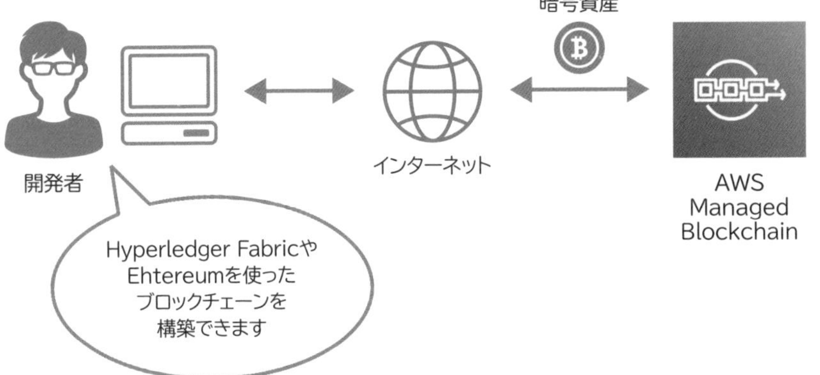

85-02 ブロックチェーンアプリケーションの構築

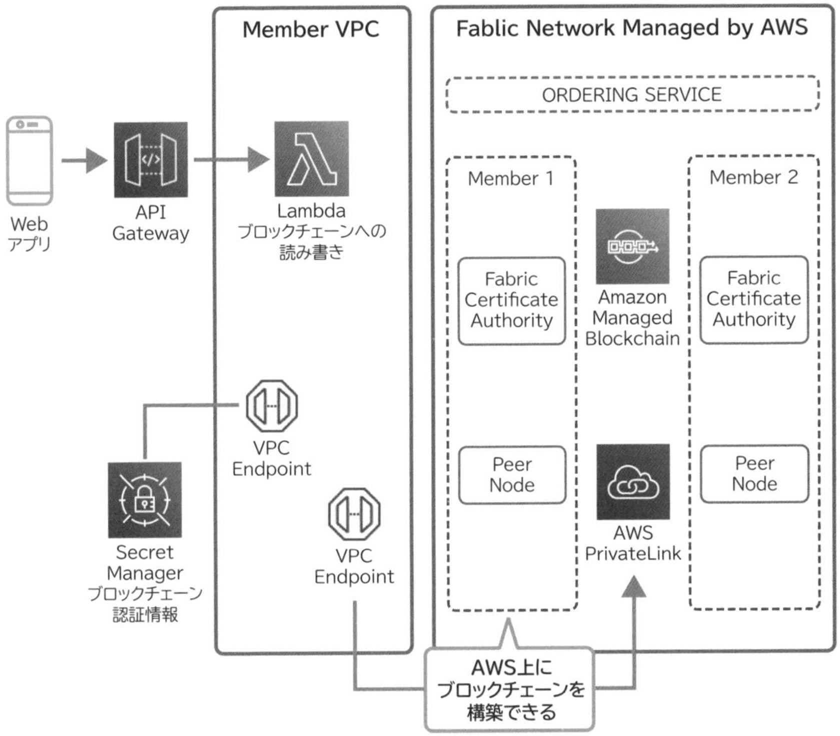

Member VPC
Fablic Network Managed by AWS
ORDERING SERVICE
Web アプリ
API Gateway
Lambda
ブロックチェーンへの読み書き
Member 1
Member 2
Amazon Managed Blockchain
Fabric Certificate Authority
Fabric Certificate Authority
VPC Endpoint
Peer Node
Peer Node
Secret Manager
ブロックチェーン認証情報
AWS PrivateLink
VPC Endpoint
AWS上にブロックチェーンを構築できる

● スケーラブルかつセキュア

Managed Blockchainは、時間と共に増加する使用量に応じてブロックチェーンネットワークを簡単にスケールすることができます。また、AWS Key Management Service (KMS) を使用してネットワークの証明書を保護し、ユーザーが独自の安全なキーストレージを設定する必要がなくなります。

Managed Blockchainは「許可型」のブロックチェーンで一般的なオープンソースフレームワークである**Hyperledger Fabric**＊や**Ethereum**＊を使用して、スケーラブルなブロックチェーンネットワークを簡単に作成して管理することができ、数回のクリックでスケーラブルなブロックチェーンネットワークのセットアップから管理までのことができるようになります。

Managed Blockchainは、ネットワークの作成に必要とされているオーバーヘッドを削減し、無数のトランザクションを実行している何千ものアプリケーションからの要求に対処できるよう、自動的にスケールします。

ネットワークを起動して実行すると、Managed Blockchainでは証明書を管理し、新しいメンバーを簡単に招待してネットワークに参加できるようにし、コンピューティング、メモリ、ストレージリソースなどのオペレーションメトリクスを追跡します。

Point CDNの類似のサービス

CDNの類似のサービスでCloudflareというCDNサービスがあります。世界的にはCloudflareが多く使われており、料金の違いからもCDNの部分だけCloudflareを採用することもあります。

＊**Hyperledger Fabric**：企業向けのブロックチェーンプラットフォームの1つで、管理者が存在していて、許可された者だけが参加できるブロックチェーンのこと。

＊**Ehtereum**：イーサリウムと読み、分散型アプリケーションやスマートコントラクトを構築できるブロックチェーンプラットフォームのこと。暗号資産として利用されている。

86 AWS IoT Core

IoT
エッジデバイス
C++ / Python
JavaScript
Java

AWS IoT Core (以下、IoT Core) とは、IoTデバイスとクラウドの間でセキュアな双方向通信を行うためのサービスです。インターネットに接続されたデバイスから、クラウドアプリケーションや様々なデバイスに、安全に通信するためのマネージドクラウドプラットフォームを提供します。

IoTとは

IoT (Internet of Things) とは、**エッジデバイス**と呼ばれるインターネットに接続できる小型のコンピュータを使用してデータを収集することを指します。エッジデバイスに装着されたセンサーやカメラを使って、温度や振動の状況、撮影した画像から分析した情報などを収集することができます。それらの情報の管理、制御、分析などに役立てることができます。

IoTを実装する上で面倒なことが2つあります。❶サーバーの設定、❷エッジデバイスとサーバーとの通信の実装です。エッジデバイスからのデータを受け取るには、クラウド上にサーバーを用意し、Webフレームワークなどを使用して設定や実装を行う必要があります。さらに、エッジデバイスから送信される情報の中には、部外者に盗み見られると困るデータ (カメラの画像など) が存在することがあります。その場合は、送信するデータの暗号化などに気を配る必要があります。このように、IoTの実装では面倒な作業が存在しています。

IoT Coreの機能

IoT Coreの実装には、**C++**や**Python**、**JavaScript**、**Java**で使えるSDKを使用してエッジデバイスのプログラムを作成します。IoT Coreを使用してIoTソリューションを実装することで、DynamoDBやRDSにデータを保存したり、Lambdaでデータ前処理をしたりすることで、AWSの各種サービスとの連携が可能になります。

さらに、エッジデバイスで発生したイベントを検出するIoT Eventやエッジデバイスの接続状況に関わらずステータスを管理するIoT shadowなどの機能も使用できるようになります。

IoTでセンシングなどを行う場合、IoTデバイスで得られた情報を送信し、データを蓄積したり、整理したりする必要があります。IoT Coreはそれらの機能を提供することでIoTデバイスを使用したソリューションを簡単に実装することができます。

IoTデバイスとクラウドの間の通信を暗号化する、デバイスの死活監視へ応用する、取得したデータから特定のイベントを検出する、通信が途切れる直前のデバイスの状態を保存する、などの様々な機能を備えています。IoT CoreをIoTデバイスで使用するにはSDKを使用します。SDKではC++、Python、JavaScript、Javaなどのプログラミング言語が使用できます。実際の運用ではIoT Coreで取得したデータをDymanoDBやS3に保存してデータ分析や可視化などを行います。

●デバイスゲートウェイ

IoTデバイスとの接続管理が可能です。マネージドサービスのため自前でサーバーを用意する必要がありません。

●アイデンティティサービス

IoTデバイスの認証・認可管理が可能です。認証に利用する証明書はAWS IoT Core生成の証明書を発行ができて便利です。証明書以外にもCognitoの認証なども使用できます。

●メッセージブローカー

Pub/ Sub型トピック　デバイスやサーバー間の通信を提供します。

●ルールエンジン

条件設定による加工、フィルタリング、AWSの別のサービスにデータを送ることもできます。

●デバイスシャドウ

IoT Coreで管理しているデバイスの状態を保存するために使用されます。

工場で生産したデバイスにIoT Coreの設定を行った状態で、各拠点に配布して電源を入れたタイミングから使用を開始することも可能です。

86-01 AWS IoT Coreの全体像

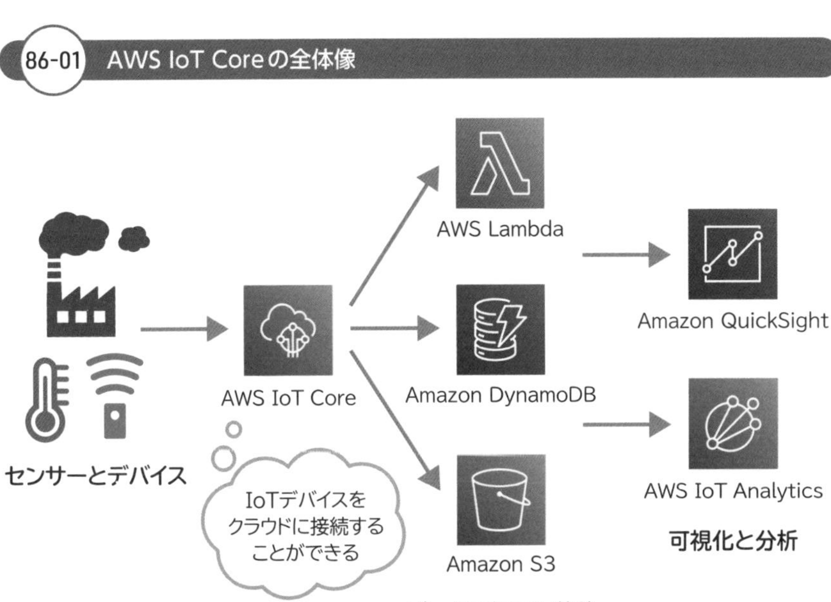

86-02 AWS IoTでクラウドと安全に接続

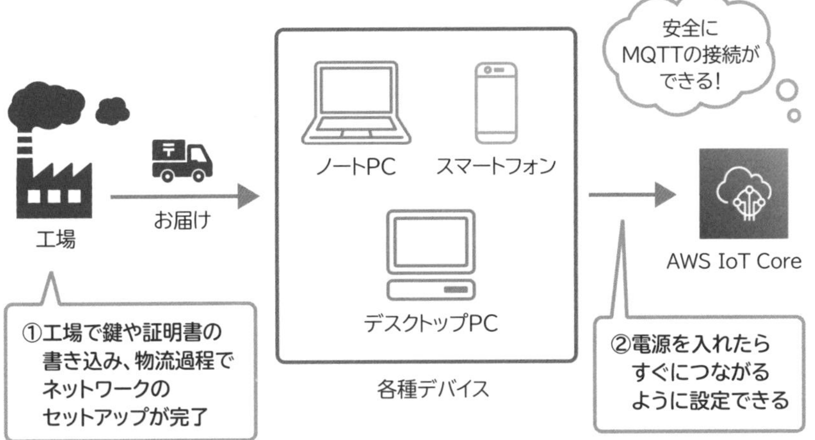

87 AWS IoT Greengrass

AWS IoT Greengrass(以下、Greengrass)は、構築したプログラムをIoTデバイスへ素早く構築し、管理することのできるサービスです。

● IoT CoreとGreengrassの違い

IoT CoreはIoTデバイスからクラウドへのデータ通信を主な機能としていますが、GreengrassはIoTデバイスに実装するコードもクラウドを通して管理します。

● Greengrassの機能と効果

IoTソリューションでは、エッジデバイスのコードを更新する必要が生じた場合、1つひとつのデバイスにプログラムを書き込むため、物理的にデバイスを接続する必要があります。エッジデバイスを多数実装する場合、プログラムの更新はかなりの労力を要します。

AWS IoT Greengrassでは、エッジデバイスで実行するコードをAWS Lambdaで実装し、デバイス上でそのプログラムを構築することができるサービスです。Lambdaで作成されたコードは無線通信を経て、エッジデバイスへ送信され、エッジデバイスで実行されるプログラムを更新することができます。またAWS IoT Coreを包括しているのでIoT Coreの機能を使用することが可能です。

Lambdaで実装するコードは**Python**や**Node.js**、**C**、**Java**などを使用することが可能です。実装する際にエッジデバイスに認証情報を準備する必要があり、使用できるエッジデバイスにも要件があるので、確認して使用してください。

87-01 IoT Core

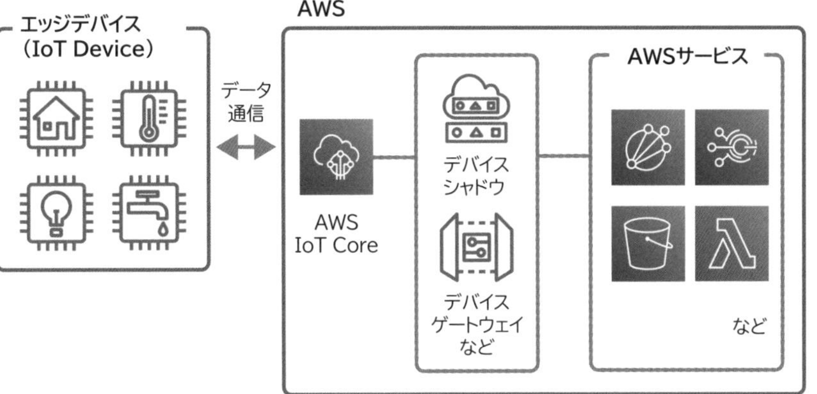

87-02 AWS IoT Greengrass

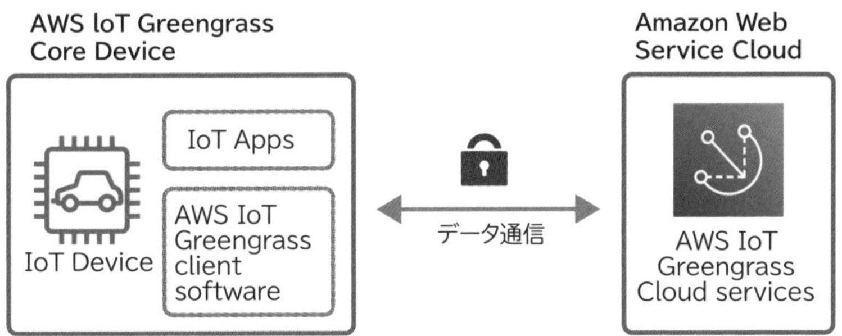

Point Greengrassのメリット

- デバイスでの処理に必要な機能がたくさんある
- IoTデバイス内でのローカルでの処理を可能にする
- AWSクラウドとのシームレスな統合が可能で、デバイスで処理したデータをAWSクラウドに送信できる

MEMO

13

Machine Learning

機械学習関連サービスについて説明します。特に、Amazon SageMakerやAmazon Rekognition、Amazon Textractについて説明します。

88 Amazon SageMaker

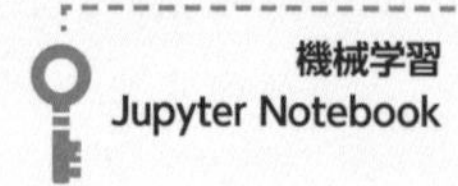

Amazon SageMaker (以下、SageMaker) は、機械学習を開発し、学習を提供するサービスです。

● 機械学習を支援

Amazon SageMakerは、トレーニングデータの前処理、教師データの作成、機械学習モデルの構築・学習、学習済みモデルをデプロイするといった一連のプロセスを行う機能を持つフルマネージド型サービスです。また、Jupyter Notebookを使用することができるため、Webブラウザ上でPythonのプログラムを作成して実行しながらモデリングすることができます。

一般的に機械学習モデルの開発にはいろいろな工程があり、学習用データの作成や前処理、モデル構築や学習の管理・実行、精度評価などの様々な処理を行う必要があります。これらの処理のすべての環境構築や管理などをするには大変な労力がかかります。SageMakerではそれらの処理を行うモジュールが準備されており、面倒な作業を手早く処理することができます。

SageMakerには多数の機能があります。データの収集や学習に使える形式への変換や教師データの作成といったデータの準備、学習の実行、得られた学習結果の実運用環境への反映まで、機械学習における一連の作業のすべてをSageMakerで完結できます。また、機械学習の分野では、多数のアルゴリズムが研究・開発されていますが、SageMakerでは主要なものについてはあらかじめコンテナイメージとして構築されたものが提供されています。

● 主な機能

●デプロイまでをワンストップで対応

Amazon SageMakerは、機械学習の全プロセスをカバーするため、モデル構築からトレーニング、デプロイまでをワンストップで行えます。既存の機械学習の仕組みを利用するため、短時間で機械学習を実施することができます。

●Jupyter Notebookを使用可能

Jupyter NotebookはOSSプロジェクトが開発したWebアプリケーションで、複数の言語で対話的な処理実行が可能です。コードを書くとすぐに実行結果が表示され、関連するメモや出力と一緒に保存できます。また、ブラウザ上で処理を実行できるため、情報共有が簡単になっています。

●機械学習のフレームワークに対応

Dockerコンテナで実行されるように構成されているため、エッジデバイスでも動作します。コンテナ型仮想化は1つのOS上で複数のコンテナを実行できます。

●機械学習アルゴリズム

主要な機械学習アルゴリズムの多くについて、インストールや最適化が事前に行われているため、柔軟にアルゴリズムを選択できます。また、ワンクリックで簡単に機械学習を実行できます。例えば、Principal Component Analysis (PCA) は特徴量の抽出に、Random Cut Forestは異常検知に向いています。

●自動的にスケーリング可能

AWS S3をデータレイクにすることで、自動的にインフラが必要に応じて拡張され、大量かつ高速なデータ処理が可能です。これでスムーズな機械学習ができます。

88-01 SageMakerは機械学習の開発とデプロイメントを支援

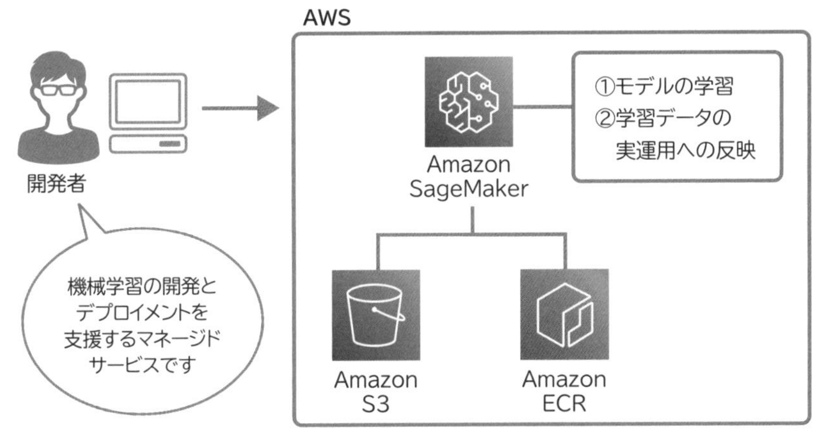

89 Amazon Rekognition

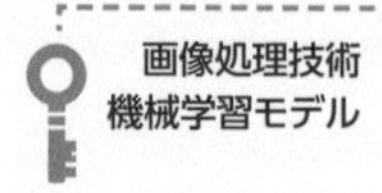

Amazon Rekognitionは、AWSが作成した学習済みモデルを使用して、画像や動画を分析するサービスです。

近年、**画像処理技術**が飛躍的に発展して、様々なタスクを処理できるようになりました。画像内に写っている人物の物体を検出して、画像の位置や個数などの情報を取得する物体検出モデルや、顔画像から特徴量を抽出して登録されている情報と比較する顔認証などの技術が様々なかたちでビジネスに活用されています。しかし、ビジネス活用が可能な精度の高いモデルを作成するには、高度な技術を有した専門家と高いコストを必要とします。Amazon Rekognitionでは、事前に精度の高い**機械学習モデル**が使用できるようになっており、機械学習の非専門家でも簡単に高度な画像処理を行うことができます。

具体的な使用例としては、不適切なコンテンツの検出や画像内の人物の判別、利用者が独自に設定したカスタムオブジェクトなどの指定も可能です。また、ストリーミングでも使用できるのでリアルタイムでの画像処理もできます。

料金は画像でも動画でも同じで、分析したファイルの量を元に算出されます。またカスタムラベルを使用した場合は、モデルのトレーニング時間と推論時間を元に算出されます。

Amazon Rekognitionは、ディープラーニングを利用した画像認識の処理を手軽に追加できるため、カメラ監視の人数削減や、より厳格な顔の確認などの効果が期待できるでしょう。

● 主な機能

●顔抽出、ラベル付け

機械学習の知識がなくても、静止画像や動画から自動でラベル付けができます。AWSが学習されたAIを使えば、物体や人の活動だけでなく、スポーツの試合や日常生活、アウトドアなどにも活用できます。AIをトレーニングして、会社のロゴ検索や機械部品の選別にも利用できます。

●**不適切なコンテンツ抽出**

Amazon Rekognitionは、不適切な静止画像や動画コンテンツを特定し、カテゴリにラベルを付けることができます。また、調整が可能なフィルターによって処理することができます。

●**テキスト検出**

静止画像や動画の中に含まれるテキスト情報を自動的に検出することができます。例えば、風で揺れている旗に書かれた文字など、動いているものであっても検出することができます。この機能は非常に便利であるため、多くの人々に利用されています。

●**顔分析**

画像に写る人物から、性別や年齢、眼鏡の有無、目の大きさなどの情報を取得し、保存した画像と比較して顔の変化を分析できます。防犯目的でも有用な機能です。

●**PPEの検出**

PPEとは工事現場などで使用する保護器具のことで、フェイスカバーやハンドカバー、ヘッドカバーなどがあります。AWSは、PPEの装着状況や摩耗の程度などを検知することができます。

89-01 Amazon Rekognitionで画像処理

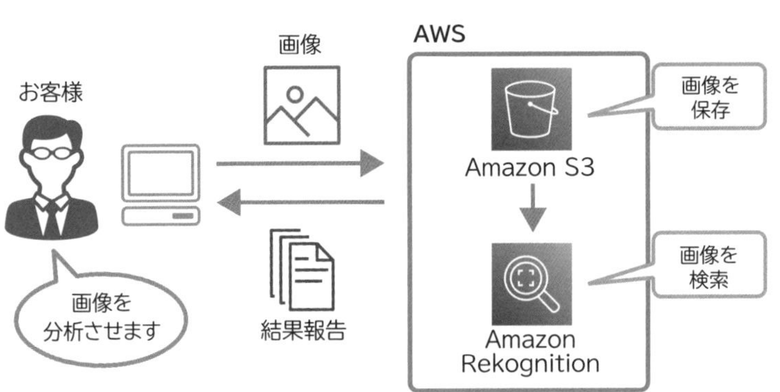

90 Amazon Textract

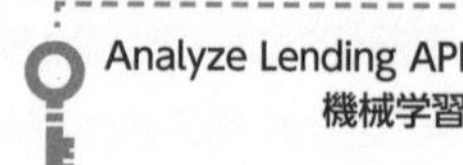

Analyze Lending API
機械学習

Amazon Textract（以下、Textract）とは、スキャンなどにより画像として取り込んだ書類から、印刷された文字や手書きされた文字などの文字列データを抽出する機械学習サービスです。

Textractでテキスト抽出

カメラやスキャナで読み取った文書の画像をOCRを使用して文字認識し、テキストデータとして保存することができます。また、画像内に表のようなテーブルデータが存在する場合は、テーブルデータとして認識することも可能です。またクエリを指定することで、ドキュメントの中から特定の情報を抽出することができます。読み取りを行う文字は、印字されたものでも手書きのものでも読み取りが可能です。

請求書や領収書、身分証明書や手書き文字までの様々な画像に対応しています。大量の書類を文字データとして残しておく場合は大いに役立つでしょう。

料金はTextractで分析をしたぶんだけ発生します。

現在、日本語には対応していませんが、印刷されたテキストを含むドキュメントの処理に関しては、英語・スペイン語・イタリア語・ポルトガル語・フランス語・ドイツ語の言語をサポートしています。ほとんどの文をすべて誤字なく認識することができ、「.」や「,」の判別もしてくれます。

主な機能

●光学文字認識（OCR）

OCRとは、スキャンされた文書画像や写真内のテキストや数字を自動的に検出する技術です。手書きの文字でも認識することができます。

●Analyze Lending

Analyze Lending APIは、ローンに関する情報を自動的に抽出することができるAPIで、ドキュメント処理に特化しています。管理が容易で、使いやすいという特徴があります。

● **フォーム抽出**

Analyze Lending APIは、文書の画像内にあるキーと値のセットを自動的に検出し、それらをリンクしたデータ項目として抽出することができます。これにより、人の手を介することなく、文書内の情報を正確に抽出することができます。

● **テーブル抽出**

テーブル内に保存されたデータの構成が抽出中に保持され、列や行があるテーブルルを含む構造化された文書の解析に役立つ機能です。例えば、財務報告書や医療記録などが挙げられます。

● **クエリベースの抽出**

ドキュメントから必要なデータを取得する際、柔軟に指定することができるクエリを使用できます。これにより、抽出したいデータに合わせてより正確な検索が可能となります。

● **手書き文字の認識**

手書き文字認識を使用することで、英語で書かれた文書に含まれる手書き文字と印刷テキストの両方を誤りなく認識することができます。この機能は、自由形式のテキストやテーブル形式のデータを含む医療報告書や雇用申込書など、多くの文書で役立ちます。

● **請求書と領収書**

請求書や領収書などの文書に含まれる情報を、機械学習を使って自動的に抽出することができます。この技術により、ベンダー名や請求書番号、商品の価格、合計金額、支払い条件など、文書の文脈を理解し関連するデータを抽出できます。

● **身分証明書**

機械学習(ML)を使用して、身分証明書のコンテキストを理解し、必要な情報を自動的に抽出できます。特定の情報のみならず、名前や住所などの暗黙的な情報も認識し、抽出することができます。設定やテンプレートは不要です。

90-01 Textractでいろいろな自動化

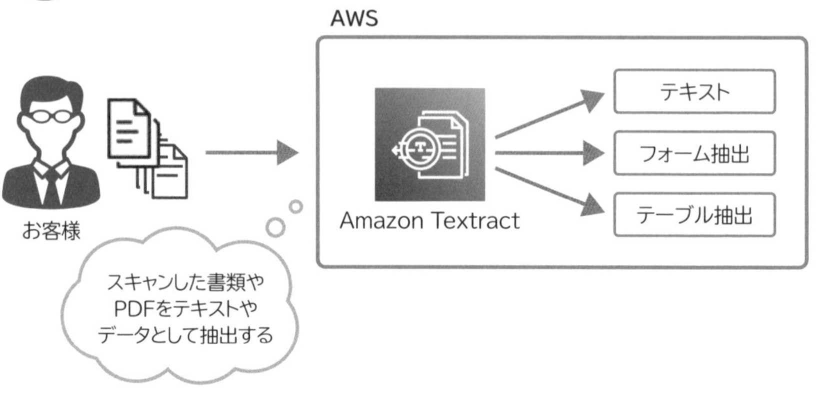

90-02 Amazon Managed Blockchain

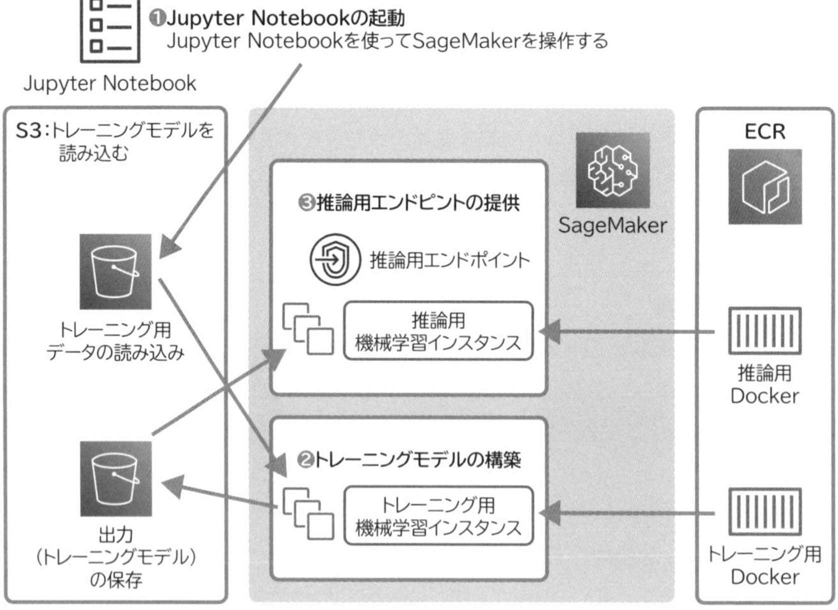

14

マネジメントとガバナンス

AWSの管理に便利なサービスについて説明します。特に、Amazon CloudWatchやAWS CloudTrail、AWS CloudFormation、AWS Compute Optimizer、AWS Configについて説明します。

91 Amazon CloudWatch

メトリクス
ログ監視機能
アラーム通知機能
イベント管理・自動化機能
ダッシュボード機能

AWS CloudWatch（以下、CloudWatch）は、使用しているAWSリソースの情報をモニタリングするサービスです。様々なサービスのログやアラートを扱います。可視化やログの検索、アラートなどを行うことで、問題解決までの時間を短縮することができます。

● CloudWatchの機能でログ収集

CloudWatchには様々な機能があります。CloudWatch LogはAWSで使用中のサービスやアプリケーション、システムのログを一元管理することができます。そして、それらのデータは可視化され、ダッシュボードで確認することができます。1つのダッシュボードで様々なサービスの状態を一度に確認することができるので、問題が発生した時には素早い状況の把握と問題の原因特定をすることができます。

CloudWatch Alarmでは、収集したログの内容に応じてメールなどの通知を行うことができます。例えば、EC2のCPUやストレージの使用率が高い場合、エラー発生時などの利用者がすぐに対応するべき状況が発生したタイミングで通知することができます。また、アラートは複数の条件を組み合わせたアラート通知もできます。

CloudWatch EventsはAWSのリソースの変更を反映したイベントをリアルタイムで配信します。他のAWSのサービスと連携した処理ができます。

料金はAPIやダッシュボード、ログやアラームなど使用したアクティビティに対し従量制で算出されます。

● 主な機能

●メトリクス*

AWSの**メトリクス**は、収集したデータポイントから統計情報を選択し、必要な情報を得ることができます。また、データ解像度についても設定が可能で、1分間隔から1秒間隔などの高解像度での取得や保存ができます。

＊**メトリクス**：システムのパフォーマンスを示すデータポイント（時系列の測定値）のこと。

●ログ監視機能

CloudWatchエージェントを使用することでシステム、アプリケーション、AWSサービスのログファイルを監視し、アーカイブして保存することができます。これにより、ログデータを分析して問題の特定やシステムの最適化を行うことができます。

●アラーム通知機能

CloudWatchメトリクスが特定の閾値を超えた場合、アラームを発行してAWSのSNSと連携し、通知方法をカスタマイズすることができます。また、他のAWSサービスやサードパーティアプリケーションとも連携することができます。

●イベント管理・自動化機能

メトリクスの状態が変化した場合、特定のアクションを実行することができます。また、指定した時間に決められたイベントを実行することもできます。

●ダッシュボード機能

AWSのダッシュボードは、メトリクス・ログ・イベントを一元的に可視化し、複数表示や絞り込みなどのカスタマイズができます。障害対応時間の短縮やリソース利用状況の把握に有効であり、コスト削減にも貢献します。

91-01 CloudWatchでログ収集

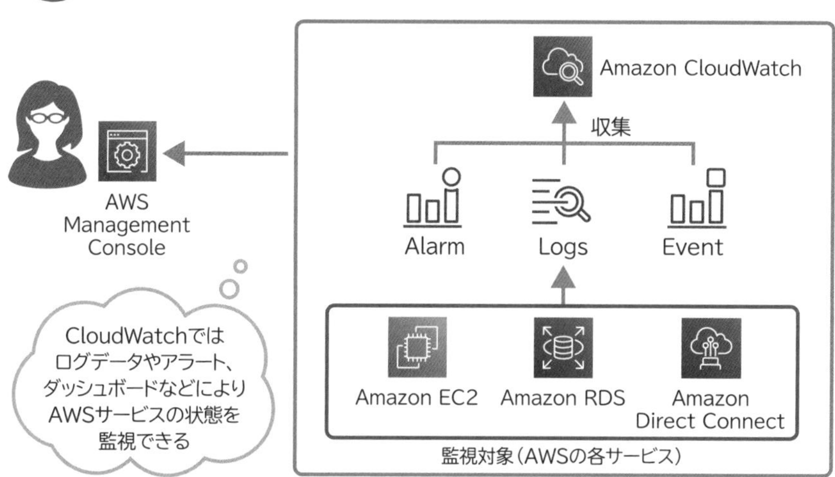

92 AWS CloudTrail

AWS CloudTrail (以下、CloudTrail) は、IAMアカウントが使用したAWSサービスの履歴を記録し、保存や分析、および修復をするサービスです。監視やセキュリティモニタリング、運用上の問題が発生した際の原因究明などに役立ちます。

● AWS CloudTrailは監査に使用できる

AWSは高度なセキュリティで外部の攻撃から守られているとはいえ、アクセスキーの漏洩などによって利用者のアカウントでの不正利用が行われることがあります。そのため、対策として、利用状況の記録や管理は非常に重要となります。

CloudTrailは、どのユーザーが、いつ、何に対して、何をしたのかを記録します。それらのログは自動的に90日間保存されます。

また、CloudTrail Lakeは90日以降もデータを保存します。ログファイルを暗号化して、S3へ保管する機能があります。そのため、ログファイルの改ざんや削除が行われていないかの整合性の検証を行うこともできます。また、それらのログをクエリを使用して検索したり、分析したりすることができます。さらにCloudTrail Insightsを有効にすると、リソースプロビジョニングの急上昇などの異常を特定することができます。

料金はS3に配信された管理イベント数とデータイベント数、CloudTrail Insightsで分析したイベント数から算出されます。

● CloudTrailの機能

●コンプライアンスの簡素化

AWSの操作履歴が自動的に保存されるため、**コンプライアンス監査**がスムーズになります。また、トラブルが発生した場合に原因を素早く特定できるため、従業員の不正操作などに対して迅速に対応し、コンプライアンス遵守にも役立ちます。

●セキュリティ対策

AWSでは、設定したイベントのログを収集・管理し、AWS内のユーザーアクティビティを可視化することができます。収集したログデータは分析に活用でき、不正アクセスの検出もできます。

●トラブルシューティング

AWS CloudTrailでは、ユーザーが操作したことはすべて履歴として残っています。そのため、セキュリティーポリシーに反している操作や運用などを確認することで、簡単に発見することができます。また、起こってしまった問題などは、次に同じことが起きないように対策します。

92-01 AWS CloudTrailで監査ログを見る

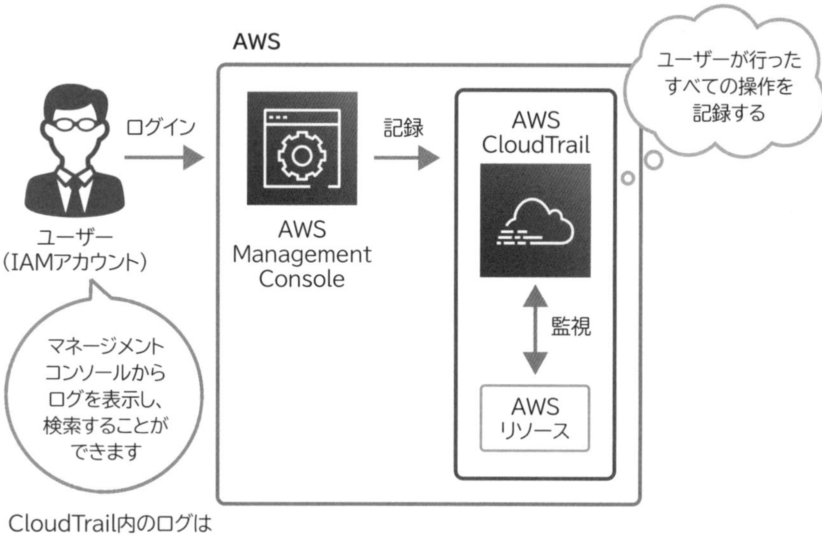

93 AWS CloudFormation

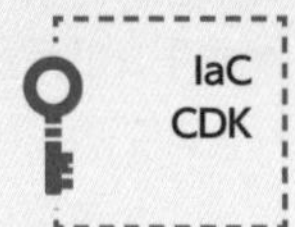

Amazon CloudFormation (以下、CloudFormation) は、AWSやその他のリソースで作成された構成をJSON形式またはYAML形式のファイルに記述して、そのファイルを元にして高速かつ安定的な環境を構築するサービスです。

● CloudFromationでインフラ自動化

CloudFormationは、必要なリソースと依存関係を記述したCloudFormationのテンプレートがあれば、それらのリソースを1つのリソースとして一括で起動することができます。

このようにインフラの構成を機械処理ができる定義ファイルに反映することをInfrastructure as Code (**IaC**) と呼びます。手動で作業すると発生するヒューマンエラーの除去、実行の高速化、差分の記録や更新などのバージョン管理、そして作業コストの削減などの効果があります。

料金はCloudFormationでレジストリ拡張機能を使用する場合、ハンドラーオペレーションごとに料金が発生します。また作成したAWSリソースの料金もかかります。

類似のサービスとしてTerraformやAWS Cloud Development Kit (以下、**CDK**) などがあります。TerraformはAWS以外のGCPやAzureなどの別のクラウドでも動くように設計されています。CDKはAWSで提供されており、TypeScriptで実装できるIaCのツールになっています。

● 主な機能

●AWSの管理や制御が簡単

AWS CloudFormationは、テンプレートを使用してリソースを一括管理し、環境の構築や運用を簡単にすることができます。開発者が個別に管理する場合に比べて、時間や手間を省き、ミスも減らすことができます。

●AWSをテキストファイルで定義

AWS CloudFormationのテンプレートはテキストファイルで作成されます。これによって複数のインフラを管理できます。そのため、インフラを効率的に管理することができます。

●料金は無料

AWS CloudFormationの利用自体は無料ですが、AWS CloudFormationは単独では使えず、AWSの他のリソースと併用することが前提になっています。併用するAWSリソースの利用料金がかかることに留意する必要があります。

93-01 AWS CloudFormationはYAMLで管理

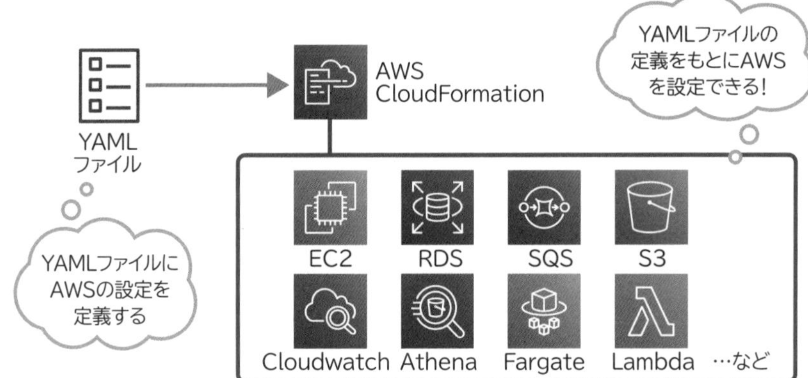

93-02 AWS CloudFormationの仕組み

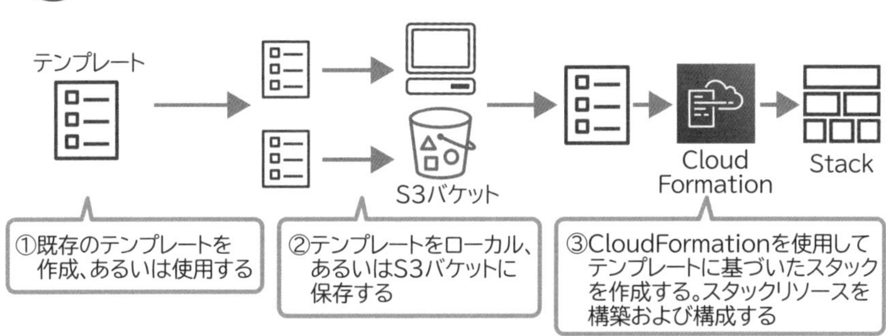

AWS Compute Optimizer

スポットインスタンス
リザーブドインスタンス

AWS Compute Optimizer (以下、Compute Optimizer) は、利用者のEC2、EBS、Lambdaの使用状況を機械学習で分析し、最適なAWSリソース配分を提案するサービスです。

● Compute Optimizerの機能

Compute Optimizerのサービスを利用することで、AWSの専門知識がなくてもすぐにコスト削減をすることができます。

前述のとおり、Compute Optimizerで提案されるサービスはEC2、EBS、Lambdaの限られたサービスに限られています。CloudWatchやRDSなどのような分析範囲外のサービスも多くあります。それらは利用者がシステムの用途や規模に合わせてサービスの選定や工夫を行って行く必要があります。

Compute Optimizerを参考にするのはもちろんですが、利用者自身が使用用途を考えたシステムを構成することでコストを下げることもできます。

例えば、EC2を利用する場合を考えてみます。利用目的が作成したソースコードのビルドなどのようなAWS側から一時的に切断されても問題がなければ、EC2の**スポットインスタンス**を使用したり、長期利用が前提になるのであれば、EC2の**リザーブドインスタンス**を使用するなどのコストダウンをする工夫をしましょう。また、利用頻度の少ないAPIであれば、LambdaとAPI Gatewayなどのサービスを利用することも考えましょう。

Compute Optimizerを参考にしながら、最終的には利用者がシステムを安全かつ、高いコスト効率を出せるよう、構成を考えて実装していきましょう。

料金は、デフォルトのバージョンでのアプリケーション実行で必要となるAWS Computeリソースの料金と、Amazon CloudWatchモニタリングに対しての料金のみがかかります。

AWS Compute Optimizer は、Amazon のクラウドで多様なワークロードを実行した経験から得た知識を応用することで、ワークロードパターンを識別して、最適なコンピューティングリソースを推奨することができます。機械学習を使用した履歴使用率メトリックの分析によるコストの削減とパフォーマンスの向上に役立ちます。

● 3つのメリット

●コスト削減

最適なリソースをレコメンドできます。

●パフォーマンス最適化

EC2のインスタンスタイプやEBS設定など最適なものを提案できます。

●即座に使用可能

数クリックで使用できます。

94-01 AWS Compute Optimizerは最適なリソース配分を提案

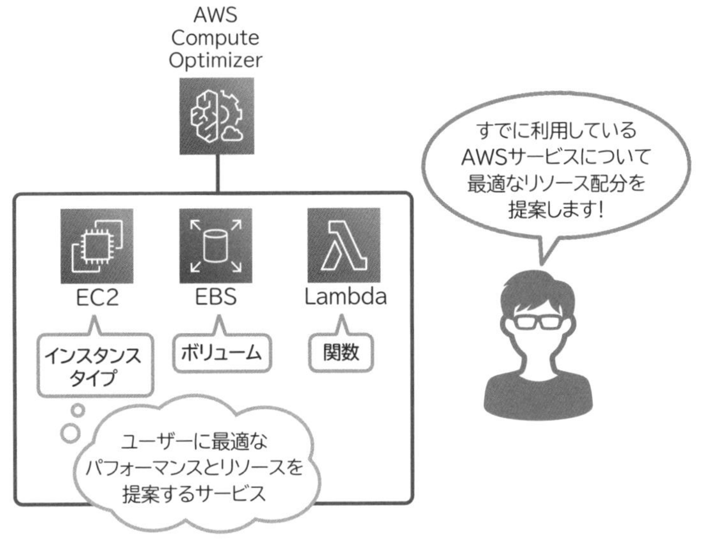

95 AWS Config

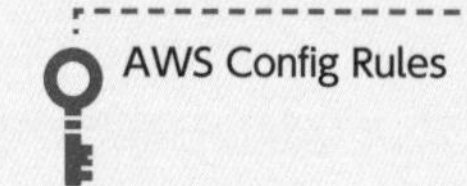

AWS Configは、使用したAWSのリソース変更履歴を保存して確認することのできるサービスです。AWS Configを使用すると、AWSリソースの構成変更のログの保存ができます。

● AWS Configで変更管理

AWS Configは、AWSアカウント内のリソースの設定をモニターし、設定の評価や監査を行うことができるサービスです。設定の変更や関連性の変化を自動的に検知し、社内のガイドラインに沿ったコンプライアンスの確認やセキュリティ分析、変更管理、トラブルシューティングを容易に行うことができます。リソース設定履歴を詳細に調査することで、AWSリソースの全体的なコンプライアンスを確認することができます。

蓄積した履歴を元にトラブルシューティングや、コンプライアンスのモニタリングなどができます。

変更履歴のログをS3に保存したり、変更した内容についてSNSなどを使用して通知することもできます。

AWS Config Rulesを使用すると、準拠すべきルールの設定をすることができます。正しいルールに沿っている構成になっているのかをチェックすることができます。例えば、特定のボリュームが暗号化されているかなどです。

● AWS Configの機能

●変更と管理

AWS Configは、リソース間の依存関係を追跡し、リソースの変更前に関連性を確認できるため、変更による影響を最小限に抑えることができます。また、リソース設定の履歴を確認することで、任意の時点でリソースの設定状況を確認することができます。

95-01 AWS ConfigはAWSの構成を管理

使っている
AWSシステム

構成変更
の取得

状況の
確認

リソースの管理や
AWS Config Rules
での構成変更の評価
などが行えます

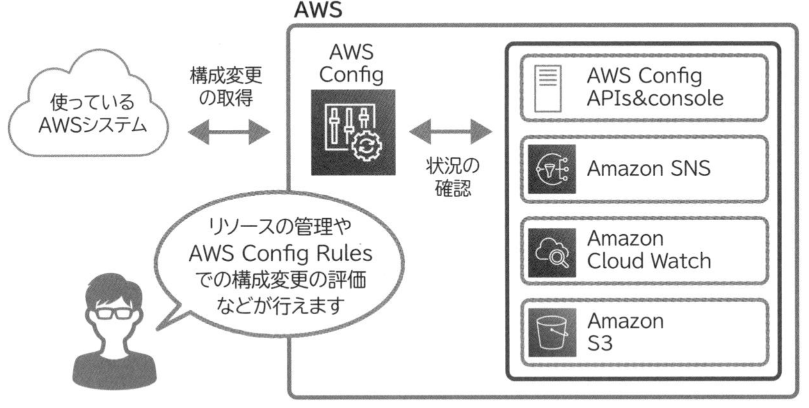

95-02 AWS Configの動作

AWS
EventBridge

Amazon Simple
Notification Service

Email

①特定リソース
の変更を検知

②Configで非準拠
になったことをイベ
ント通知

③イベントをトリガー
にその内容をメール
通知

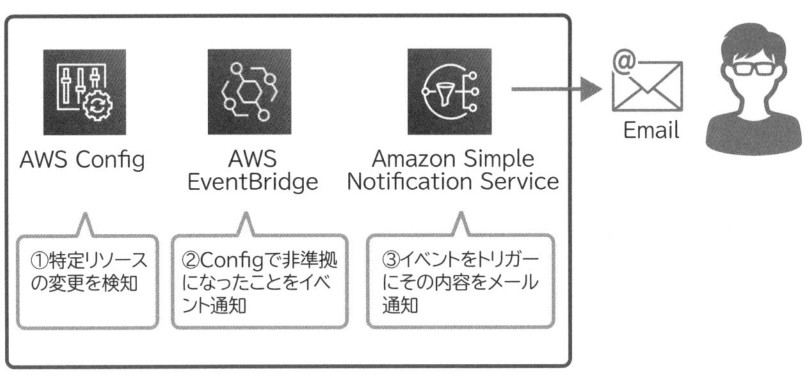

Point AWS Configのルールの例はたくさんある

ルールのユースケースやベストプラクティス、AWS Config Rules Repositoryをネットで調べると事例が出てきますので参考にしてみてください。

●モニタリング

AWS Configは、AWSリソースの設定を継続的にモニタリングし、変更が検出されるとAmazon SNS通知によって使用者に連絡し、確認の上で実行できるようにすることができます。

●状態の評価

AWSの利用者のリソース設定や企業ポリシーとのコンプライアンスは定期的に監査され、ルールに従わない場合は自動的に通知されることができます。通知はAmazon SNSやCloudWatch Eventsで行われ、AWS Configのダッシュボードを使用することで全体的なコンプライアンス状況を確認することができます。

●サードパーティーもリソース管理が可能

AWS Configは、AWSおよびサードパーティーのリソースの設定監査やコンプライアンスの確認ができる機能を提供しています。AWS Configは、GitHubリポジトリやMicrosoft Active Directoryリソース、オンプレミスサーバーなどのサードパーティーリソースの設定を確認することができます。

●トラブルシューティング

AWS Configを使用することでAWSリソースの設定変更の全体的な履歴を取得できます。これにより、運用上の問題のトラブルシューティングが容易になります。また、AWS ConfigはAWS CloudTrailと統合することができ、運用上の問題の原因を特定することが可能になります。

Point AWS Configのメリット

- AWS環境のリソースの変更履歴を追跡・監視し、セキュリティやコンプライアンス上のリスクを軽減する
- 他のAWSサービスと結合が可能
- セキュリティを評価し、問題がある場合は自動的にアラートを発行する
- 誤った設定変更や悪意のある変更を早期に検知できる

●索引

五十音順

●あ行

●か行

●さ行

●た行

●な行

●は行

●ま行

●ら行・わ行

アルファベット・記号順

●A

索引

●B・C

●D・E

●著者プロフィール

宮本圭一郎（みやもと・けいいちろう）

2009年にオービックビジネスソリューションズ（現在はオービックに合併）に入社。
2012年にフリーランスエンジニアとして独立。独立後にモバイル（iOS）から機械学習まで数々の開発に従事。SONYや楽天などから独立した複数のベンチャー企業の事業に従事。
2015年にエンジニアコミュニティの運営に着手。現在、総計1万人以上に成長）2018年にUdemyにて物体検出の講座を公開。
同年に『PyTorchニューラルネットワーク 実装ハンドブック』『NumPy&SciPy数値計算 実装ハンドブック』の出版に関わる。
2019年1月に株式会社GIB JapanのCEOに就任。

Twitterアカウント：@miyamotok0105

PC・IT図解 AWSの技術と仕組み

発行日　2023年 4月 1日　第1版第1刷

著　者　宮本　圭一郎

発行者　斉藤　和邦
発行所　株式会社　秀和システム
〒135-0016
東京都江東区東陽2-4-2　新宮ビル2F
Tel 03-6264-3105（販売）Fax 03-6264-3094
印刷所　三松堂印刷株式会社　Printed in Japan

ISBN978-4-7980-6685-1 C3055